E. Heinrich Kisch

Balneotherapie

E. Heinrich Kisch

Balneotherapie

ISBN/EAN: 9783743362154

Hergestellt in Europa, USA, Kanada, Australien, Japan

Cover: Foto ©berggeist007 / pixelio.de

Manufactured and distributed by brebook publishing software
(www.brebook.com)

E. Heinrich Kisch

Balneotherapie

BALNEOTHERAPIE

VON

Med.-Rath Prof. Dr. E. H. KISCH
IN PRAG-MARIENBAD.

URBAN & SCHWARZENBERG

BERLIN

NW., DOROTHEENSTRASSE 38/39.

WIEN

I., MAXIMILIANSTRASSE 4.

1898.

INHALT.

ZWEITER THEIL.

6. Balneotherapie.

Von Medicinalrath Prof. Dr. E. **Heinrich Kisch** in Prag-Marienbad.

Die Balneotherapie ist die Lehre von der methodischen Anwendung der Mineralwässer und ihrer Producte zu Trink- und Badecuren. Es sind nicht einfache Heilmittel, die wir zur Anwendung bringen, wenn wir jene Wässer wegen ihrer gelöst enthaltenen Bestandtheile oder hohen Temperatur innerlich gebrauchen oder die Haut mit denselben umspülen lassen; sondern es handelt sich dabei um Curmethoden, welche mit dem Effecte des Trinkens und Badens, mit der Beeinflussung bestimmter Organe auch eine Aenderung des Gesammtstoffwechsels, wie der Proportionen der Blut- und Säftebestandtheile anstreben und darauf hin durch eine Reihe gemeinsamer Momente, wie durch Versetzung in neue Aussenverhältnisse mit anderen atmosphärischen und klimatischen Einflüssen, durch rationell dem Einzelfalle entsprechend geregelte Diätetik, durch bedeutsame psychische Eingriffe wirken. In dieser Methodik, welche in manchen Curorten eine vorzügliche specialistische Ausbildung gegenüber bestimmten Constitutionsanomalien und Organerkrankungen erfahren hat, liegt nach meiner Ansicht das Geheimniss des grossen Erfolges, welcher der Balneotherapie unbestritten zukommt und der Schlüssel zur Lösung jener Räthsel auf dem Gebiete der Brunnencuren, denen gegenüber sich nicht selten die experimentelle Forschung und die pharmakodynamische Erkenntniss als unzulänglich erweisen.

Durch das physiologische Experiment festgestellte Thatsachen über die Function der Haut im Allgemeinen, sowie speciell über ihre Absorptionsfähigkeit, dann über die Vorgänge der Wärmeproduction und Wärmeregulirung, endlich über den Einfluss der Reflexvorgänge auf den Gesammtstoffwechsel haben wesentlich dazu beigetragen, die Bedeutung der verschiedenen chemischen, mechanischen und thermischen Qualitäten der Mineralbäder besser erkennen zu lassen und den empirischen Ergebnissen die wissenschaftliche Erklärung zu geben. Die pharmakodynamischen Untersuchungen über die Wirksamkeit der vorwiegenden Componenten der Mineralwässer, wie der Kohlensäure, des Schwefelwasserstoffes, der verschiedenen Alkalien, des Chlornatriums, des Natriumsulfates, des Eisens, haben ferner viel geleistet, um die Wirksamkeit der sehr eigenthümlichen und verwickelten Composition der Heilquellen

aufzuhellen. Das sind gewiss bedeutende Fortschritte der Gegenwart im
Hinblicke auf jene ältere Zeit, wo man an das „Quid divinum" oder zu
deutsch den „Brunnengeist" als letzte Instanz der Erklärung appellirte;
oder in Beziehung auf die Halbvergangenheit, wo der ärztliche Nihilismus
von den Heilquellen nichts glauben wollte, was nicht durch ein Cur-
experiment im dumpfen Spitalzimmer an dem Versuchsobjecte bestätigt
worden — aber eingestehen müssen wir, dass nur allzu grosse Lücken
in unserer Erkenntniss von dem physiologischen Wirken und der therapeutischen Action der Mineralwässer bestehen und dass wir noch allzu-
häufig auf eine durch genaue Beobachtung begründete Summe von
Einzelerfahrungen angewiesen sind.

Es scheint mir richtiger, dies offen zuzugestehen und auf die
Erfahrungsthatsachen zu recurriren, als, wie dies in der allerjüngsten
Zeit geschieht, die nicht hinreichend erklärte Wirksamkeit der Mineralwässer für den inneren Gebrauch, wie bei äusserer Anwendung auf
„gewisse Imponderabilien" zurückzuführen, die man noch heutzutage mit
chemischen und physikalischen Hilfsmitteln nicht erforschen könne. Da
liegt die Gefahr des Rückfalles auf das Gebiet des Mystischen vor,
welches sich ja gerade in der Heilquellenlehre so verhängnissvoll erwiesen hat.

Vorerst müssen wir den Fortschritten der physikalischen Chemie
sorgsam folgen, um in der chemischen Analyse der Mineralquellen ein
möglichst präcises und charakteristisches Bild ihrer Zusammensetzung
zu erhalten; dann müssen wir die pharmakodynamische Wirksamkeit
der Einzelbestandtheile zu erforschen suchen, und endlich experimentell
den Einfluss des Ganzen auf den gesunden und kranken Organismus
feststellen. Ein schwieriger Werdegang fürwahr!

Die chemische Analyse, der Pass, welchen die Wissenschaft
dem einzelnen Mineralwasser ausstellt, hat in der letzten Zeit, besonders
durch die grundlegenden Arbeiten von Than's, wesentliche Veränderungen
erfahren. Namentlich nach der Richtung hin, dass die bisherige Dar-
stellung der Menge der einzelnen Salze, welche in dem Mineralwasser
enthalten sind, als unrichtig bekämpft wird. Bei der Analyse der Mineralwässer bestimmt der Chemiker unmittelbar durch die Versuche die Gesammtmenge der einzelnen Salzbestandtheile, also beispielsweise wie
gross die Gesammtmenge des Natrium, Magnesium, des Sulfatrestes
und des Chlors in einem Kilogramm des Wassers ist, aber keine Methode kann darüber Aufschluss geben, welche Mengen des Natriums in
der Form von Natriumchlorid und von Natriumsulfat oder von Magnesiumchlorid und Magnesiumsulfat im Wasser vorkommen. Es ist also
unleugbar wahr, dass wir nur die Gesammtmenge der Salzbestandtheile,
aber keineswegs die Mengen der einzelnen Salze kennen und dass die
bisherige Zusammenstellung der Chemiker auf gewissen conventionellen
Annahmen der letzteren beruhen, so besonders, dass in dem Mineralwasser die Bestandtheile sich zu solchen Salzen gruppiren, welche die geringste
Löslichkeit besitzen. von Than hat darum den berechtigten Vorschlag
gemacht, in den chemischen Analysen z. B. nur anzugeben, wie viele
Gramme Natrium, Magnesium und wieviel Schwefelsäurerest, sowie Chlor
in einem Kilogramm des Wassers enthalten sind. Dieser Vorschlag wird
gewiss Annahme finden. Allein vorläufig müssen wir leider, so lange
derartige Analysen nicht allgemein vorliegen, noch an den alten Analysen

als Richtschnur für die Zusammensetzung der Mineralwässer festhalten, umsomehr, als diese dem praktischen Arzte viel geläufiger sind.

Und demgemäss beharren wir aus praktischen Gründen noch bei der bisher üblichen Eintheilung der Mineralwässer, d. h. jener Wässer, welche sich durch grösseren Gehalt an festen oder gasförmigen Bestandtheilen oder durch höhere Temperatur von dem gewöhnlichen Trinkwasser unterscheiden, nämlich: .

Akratothermen, auch indifferente Thermen, welche keinen hervorragenden festen oder gasförmigen Bestandtheil in grösserer Menge enthalten und sich nur durch ihre höhere Temperatur auszeichnen.

Alkalische Mineralwässer, charakterisirt durch das Vorwiegen von Kohlensäure und kohlensauren Alkalien, Untergruppen: Einfache Säuerlinge, alkalische Säuerlinge, alkalisch-muriatische Säuerlinge, alkalisch-salinische Säuerlinge. ·

Kochsalzwässer, welche als vorwiegenden Bestandtheil Chlornatrium enthalten. Untergruppen: Einfache Kochsalzquellen, jod- und bromhaltige Kochsalzquellen, Soolen.

Bitterwässer, ausgezeichnet durch einen grossen Gehalt an schwefelsaurem Natron und schwefelsaurer Magnesia.

Schwefelwässer, welche als ständigen normalen Bestandtheil Schwefelwasserstoff oder eine Schwefelverbindung enthalten.

Eisenwässer, die das Eisen in bemerkenswerther Menge enthalten, ohne dass die Summe ihrer festen Bestandtheile im Allgemeinen eine grosse ist. Untergruppen: Kohlensaure Eisenwässer, schwefelsaure Eisen- und Arsenikwässer.

Erdige Mineralwässer, ausgezeichnet durch Gehalt an schwefelsaurem und kohlensaurem Kalk, welche absolut und relativ in den übrigen Bestandtheilen in grosser Menge vorhanden sind.

Wir wollen aber auch hier der zukunftreichen Eintheilungsart von Than's erwähnen, welcher folgende Gruppen bezeichnet: Alkalische Säuerlinge, Eisensäuerlinge, salzhaltige Säuerlinge, sulfathaltige Säuerlinge, alkalische Bicarbonatwässer, Bitterwässer, Haloidwässer, Thermalquellen, und zwar alkalische und salzige Thermen, alkalische und Sulfatthermen, Eisenthermen, Schwefelthermen, gemischte Thermen. Hiebei sieht der genannte Autor als Säuerlinge jene Wässer an, in welchen die Acquivalente der freien Kohlensäure mindestens die Hälfte der Aequivalente der Bicarbonate ausmachen und die absolute Menge derselben in einem Kilogramm des Wassers mindestens ein Gramm oder mehr beträgt.

Zur pharmakodynamischen Erkenntniss der Mineralwässer beim inneren Gebrauche ist die Ermittlung der einzelnen Hauptbestandtheile und die Abschätzung ihrer Heilwirkungen nothwendig. Diese Erkenntniss wird aber beeinträchtigt durch die Mannigfaltigkeit der in diesen Wässern enthaltenen Bestandtheile, durch die zuweilen sonderbare Combination von Salzbestandtheilen und durch die quantitative Verschiedenheit, in welcher die einzelnen Bestandtheile vorherrschen. Die Abwägung der Heilwirkung eines zu Trinkcuren verwendeten Mineralwassers auf Grundlage der chemischen Analyse erfolgt nicht blos nach den absoluten Mengenverhältnissen der Bestandtheile, sondern in noch wesentlicherer Weise nach der relativen Menge oder Dosis jedes einzelnen heilkräftigen Bestandtheiles, welche in der Pharmakopoe als mittlere Dosis bekannt ist. Es ist leicht begreiflich, dass ein Decigramm Eisen in einem

Mineralwasser demgemäss bedeutsamer erscheint als eine gleich grosse
Menge von schwefelsaurem Kalk. Es wäre aber ganz unrichtig, Bestandtheile, welche in einer mit Bezug auf gewöhnliche pharmakodynamische
Normaldosis minimen Menge vorkommen, als werthlos zu ignoriren. In
dieser Richtung ist das von *Lépine* jüngstens gefundene Gesetz bedeutsam,
dass nämlich, wenn man ganz kleine unwirksame Dosen von wirksamen
differenten Arzneimitteln mit einander vereinigt, sie ebenso und noch
besser wirken als eine grosse Gabe eines einzigen Mittels. In solcher
Weise sind die Mineralwässer zumeist Compositionen von mehrfachen
wirksamen Bestandtheilen in kleinen Gaben.

Bedeutsam ist auch für eine neuartige Auffassung der Heilwirkung
der Mineralwässer das epochemachende Gesetz *van t'Hoff's* über die
Dissociation der Salze in verdünnten wässerigen Lösungen. Darnach
würden auch in den meisten Mineralwässern, welche verdünnte Lösungen
von Salzen sind, diese letzteren ganz oder grösstentheils in das metallische Ion und in das Ion des Säurerestes dissociirt sein. Diese Ionen
sind nicht mit den sogenannten Elementen oder einfachen Körpern zu
identificiren. Jene sind vielmehr, je nachdem das Ion ein Metall oder
ein Säurerest ist, mit ungeheuren positiven, respective negativen elektrischen Ladungen versehen, während die gewöhnlichen Elemente in
elektrischer Beziehung vollkommen neutral sind. Es ist wahrscheinlich,
dass chemische Reactionen überhaupt nur durch die Vermittlung solcher
mit Elektricität geladenen Ionen vor sich gehen und damit wohl im
Zusammenhange, dass das Vorhandensein einer grösseren Menge der
Salze im Organismus erforderlich ist, damit die vitalen chemischen Vorgänge stattfinden können. Und so lässt sich auch vorstellen, dass beim
Trinken von Mineralwässern, welche verdünnte Salzlösungen darstellen, durch die osmotische Aufnahme des Wassers in die thierischen
Zellen in denselben ein höherer Grad der Dissociation der gelösten Salze
zustande kommt, dass die chemischen Reactionen innerhalb der Zelle
durch Wasseraufnahme beschleunigt werden, und zwar ohne Verlust der
im Zelleninhalte vorhandenen dissociirten Ionen. Anderseits werden
Mineralwässer, welche wie Bitterwässer oder Soolen concentrirtere Salzlösungen darstellen, gerade entgegengesetzt wirken und die in den Zellen
etwa zu hoch gesteigerten chemischen Processe herabzudrücken vermögen. Ein bedeutsamer Ausblick auf die Einflussnahme der Mineralwässer auf die Säftebewegung und Energieerzeugung, wie auf den gesammten Stoffwechsel! Der Zukunft bleibt es vorläufig überlassen zu
entscheiden, inwieferne sich die heilsame Wirkung der Mineralwässer
auf die elektrischen Ladungen der Ionen zurückführen lassen.

Auch die Bedeutung der in den Mineralwässern in kleinen Mengen
enthaltenen Salzverbindungen auf die fermentativen Processe ist in
letzter Zeit betont worden. *Nasse, Heidenhain, A. Schmidt* und *E. Stadel-
mann* haben nachgewiesen, dass bei bestimmten Gährungsprocessen ganz
geringe Mengen von Neutralsalzen eine inhibitorische Wirkung ausüben.
So die Sulfate von Natrium, Kalium, Ammonium und Magnesium $0\cdot004\%$,
Chlornatrium und phosphorsaures Natron $0\cdot01\%$ bei Gegenwart von
Trypsin oder Pepsin, während bekanntlich grosse Mengen eine entgegen-
gesetzte Wirkung haben.

Und noch ein Moment möchte ich hervorheben, das auch erst
weitergehende Forschungen als für die Heilwirkung der Mineralwässer

wesentlich darthun dürften, das ist der Einfluss dieser Wässer auf die Mikroorganismen. Auffallend ist die durch mehrfache, an Ort des Ursprunges der Mineralquellen vorgenommene Untersuchungen festgestellte Thatsache, dass diese Wässer, wie sie entspringen, nahezu ganz keimfrei, jedenfalls sehr arm an Keimen sind. Ferner der von *Leone* und *Sohnke* über das Verhalten der Mikroorganismen im künstlichen Selterswasser gelieferte Nachweis, dass die Kohlensäure einen hemmenden Einfluss auf die Entwicklung der Bacterien zeigt.

Trinkcuren mit Mineralwässern.

All den verschiedenen Mineralwässern kommt, wenn sie methodisch zur innerlichen Anwendung gelangen, das gemeinsame Moment der vermehrten Zufuhr von Wasser in den Organismus zu, ferner die Wirkung des Wassers als Träger einer niederen oder höheren Temperatur und bei der grösseren Zahl von Mineralwässern auch der Effect der Kohlensäure.

Vermehrtes Wassertrinken ist an und für sich ein mächtiges Agens. Corpora non agunt nisi fluida lautet ein alter Erfahrungssatz. Der grösste Theil des dem Magen zugeführten Wassers wird rasch aufgesaugt und übt einen wichtigen Einfluss auf die Blutmasse und die Säfte, sowie die Ernährungsvorgänge des Organismus, steigert die Diurese, verdünnt die Secrete der drüsigen Organe und hat eine vermehrte Ausscheidung gewisser Stoffwechselproducte zur Folge, quantitativ gesteigerte Ausscheidung des Harnstoffes, Chlornatriums, der Phosphorsäure und Schwefelsäure. Dabei wird durch die Aufnahme der grösseren Wassermenge die Blutsäule gewichtiger, die Spannung im Blutgefässsysteme erhöht, der Capillardruck gesteigert und eine auslaugende Kraft auf den ganzen Körper geübt. Die ganze Menge des aufgenommenen Wassers wird in 2 bis $3\frac{1}{2}$ Stunden aus dem Organismus ausgeschieden. Auf die Bedeutung der Verdünnung des Blutes durch Wasser auf die elektrolytische Dissociation in der Zelle hat erst die Forschung der Jüngstzeit hingewiesen.

Die Temperatur des getrunkenen Wassers beeinflusst die Körpertemperatur. Das kalte Wasser von 8—10° C. bewirkt ein Sinken der Körpertemperatur kurze Zeit nach dem Trinken, an welchem Effecte nicht blos die physikalische Durchkühlung — wenn $\frac{1}{2}$ Kilo Wasser von 8° auf 37° C. erwärmt wird, so sind hiezu 12·5 Calorien nothwendig — sondern auch vasomotorischer Einfluss beiträgt. Es wird ferner durch das Trinken kalten Wassers die Pulsfrequenz vorübergehend herabgesetzt und der Blutdruck erhöht. Die Respirationsfrequenz scheint nicht wesentlich beeinflusst. Das warme Wasser (von 32° C. an) hingegen beschleunigt die Herzthätigkeit und erhöht den Blutdruck. Das laue Wasser von 25—30° C. vermindert den Blutdruck. Je wärmer oder je kälter das Wasser ist, um so länger dauert die Wirkung auf die Herzthätigkeit und den Blutdruck. Es ist so leicht begreiflich, dass der Bauernarzt *Priessnitz* mit dem Trinkenlassen grosser Mengen ganz kalten Wassers ebenso wie *Cadet de Vaux* mit der Verordnung von 48 Bechern 50—60° heissen Wassers täglich machtvolle Wirkungen auf den Gesammtorganismus allerdings nicht selten auch sehr bedrohlicher Art erzielt hat.

Die Kohlensäure, dem Wasser beigemengt, übt einen stärkeren Reiz auf die Schleimhaut, die Nerven und die Muskelschichte des Magens und Darmes, fördert die Secretion der intestinalen Säfte, regt den Appetit an, steigert die Magenbewegung, beschleunigt die Abfuhr des Chymus in den Darmcanal, fördert die Verdauung und steigert die Diurese in wesentlicher Weise. In den Mineralwässern kommt der Kohlensäuregehalt nicht in so grossen Mengen vor, dass die Steigerung der Kohlensäure des Blutes Intoxicationserscheinungen bewirkt, nur vorübergehend gelangt die Einwirkung der Kohlensäure auf die Centralorgane des Nervensystems durch den sogenannten „Brunnenrausch" als erheiternd, selten betäubend zur Geltung. Ein Theil der zugeführten Kohlensäure wird ja schon im Magen und Darme ausgestossen und die verhältnissmässig geringe in das Blut übergetretene Menge des kohlensauren Gases wird durch gesteigerte Athemthätigkeit ausgeschieden. Zumeist ist in den Mineralwässern die Kohlensäurewirkung ein Adjuvans der übrigen Bestandtheilwirkungen und erhöht den angenehmen Geschmack wie die Verdaulichkeit.   -

Und noch ein allen zum Trinken verwendeten Mineralwässern zukommendes gemeinsames Moment, das bei chronischen Krankheiten von Wichtigkeit ist, besteht darin, dass die mit diesem Leiden mehr oder minder stetig einhergehenden Störungen in der Verdauung, der Blutbereitung, der Innervation wie der Gesammternährung die Einführung der Medicamente besonders in solcher Form verlangt, welche am wenigsten belästigend für den Magen wirkt und am raschesten in die Blutbahn führt. Solche Form wird aber in unübertroffener Weise durch die Mineralwässer geboten.   .

Die gemeinsamen Wirkungen der Mineralwässer werden durch die in denselben enthaltenen fixen und flüchtigen Bestandtheile modificirt in einer Weise, welche im Folgenden betreffs der Hauptgruppen angegeben werden soll.

Alkalische Mineralwässer.

Die Hauptbestandtheile dieser Heilquellen, welche therapeutisch in den Vordergrund treten, sind die kohlensauren Alkalien, namentlich das kohlensaure Natron, neben dem, die verschiedenen Gruppen charakterisirend, noch das Chlornatrium und schwefelsaure Natron prävalirt, der Reichthum an Kohlensäure oder die höhere Temperatur des Wassers als markant auftritt.

Dem kohlensauren Natron verdanken diese Mineralwässer die Eigenschaft, bei zu grossen Säuremengen im Magen, einen Theil der freien Säure zu neutralisiren und durch Herstellung eines richtigen Säuregrades die Verdauung zu fördern und abnormen Gährungsvorgängen entgegen zu wirken. Auch im Darme wird auf die Secrete der Galle und den pankreatischen Saft, sowie auf den in den Darm übergetretenen Chymus modificirend gewirkt und die peristaltische Bewegung angeregt. In den Respirationsorganen wird eine vermehrte Ausscheidung flüssigen Schleimes oder Verflüssigung vorhandener zäher Schleimmassen bewerkstelligt, sowie die Flimmerbewegung auf den Schleimhäuten beschleunigt und verstärkt.

Die alkalischen Mineralwässer steigern ferner, wenngleich nur vorübergehend, die Alkalescenz des Blutes und der Gewebssäfte und veranlassen eine Steigerung der Kohlensäureabgabe und Sauerstoffaufnahme, hiemit einen stärkeren Umsatz der stickstoffhaltigen und stickstofffreien Körper im Organismus. Durch Förderung der Alkalicität des Harnes, welche am schnellsten eintritt, wenn man die alkalischen Mineralwässer nüchtern trinken lässt, mildern sie den Reiz eines an Harnsäure zu reichen Harnes auf die Schleimhaut der Harnwege; sie vermögen ferner den in der Blase angesammelten Schleim zu verflüssigen und rascher zu entfernen. Mit Vermehrung der Harnmenge bei Genuss von Natronwässern und mit Verminderung der Ausscheidung von Harnsäure durch den Harn ist zumeist eine Vermehrung des Harnstoffes in demselben verbunden.

Die Beimengung grösserer Menge von Chlornatrium bringt noch den Effect dieses Salzes zur Ergänzung der Wirkung des kohlensauren Natrons. Es wird dadurch noch specieller Einfluss auf stärkere Anregung der Magen- und Darmthätigkeit, auf Begünstigung der Weiterbewegung der angesammelten verdünnten Schleimmassen, leichtere Verdauung der albuminösen Nahrungsmittel, Steigerung des Diffusionsprocesses bei der endosmotischen Chylusaufnahme und der Resorption, Erhöhung der Thätigkeit der secernirenden Organe, sowie der Zellenbildung überhaupt geübt.

Wenn das schwefelsaure Natron vorwiegt, dann tritt die mächtige Wirkung des Glaubersalzes in die erste Reihe: die Darmperistaltik wird energisch angeregt, die Defäcation befördert, der Darminhalt verflüssigt. Durch die kräftigen Darmbewegungen, welche das schwefelsaure Natron reflectorisch durch Reizung der Magen- und Darmnerven hervorruft, wird die Triebkraft des Pfortaderblutes erhöht, der Blutstrom durch die Leber gefördert; zugleich aber auch die völlige Ausnützung der Nahrungsmittel verringert. Dem Glaubersalze wird ferner der specielle Einfluss auf den Stoffwechsel zugeschrieben, welcher in einer gesteigerten Consumtion der im Körper vorhandenen Kohlehydrate und Fette und in der Ausführung der Oxydationsproducte derselben, namentlich der Kohlensäure besteht.

Diesen Grundzügen entsprechen physiologische Wirkung und therapeutische Indication der Einzelgruppen der Natronwässer.

Die einfachen Säuerlinge, arm an festen Bestandtheilen und vorzüglich durch grossen Kohlensäurereichthum ausgezeichnet, sind als angenehm schmeckende, milde Anregungsmittel zumeist diätetischen Zwecken dienend und kommen nur in versendetem Zustande als Gesundheits-Tafelwässer in Gebrauch, besonders dort, wo es an einem frischen, gesundheitlichen gewöhnlichen Trinkwasser fehlt. Das übliche Trinken einer ganzen Flasche „Sauerbrunnen" bei Tische halte ich, zumal wenn der Kohlensäuregehalt ein grosser ist, für einen schädlichen Gebrauch, weil die Steigerung der Blutkohlensäure während der Verdauung, sowie das Auftreiben des Magen-Darmtractes durch das kohlensaure Gas während des Essens Missstände mit sich bringt. In Böhmen und Ungarn, in Deutschlands Rhein- und Ahrthale, sowie in der Eifel sind zahlreiche solche Säuerlinge, deren verbreitetster wohl der Apollinarisbrunnen bei Ahrweiler ist.

Die alkalischen Säuerlinge sind neben dem reichen Gehalte an Kohlensäure durch beträchtliche Mengen von kohlensaurem Natron charakterisirt, welcher von 0·5—7 Grm. in 1 Liter Wasser schwankt,

und treten zumeist als kalte Quellen, zuweilen auch als Thermen zu
Tage. Sie finden ihre Anwendung bei verschiedenen dyspeptischen
Störungen, auch bei leichteren Formen von Magenkatarrh mit stärkerer Säurebildung, bei Katarrhen der Respirationsorgane, katarrhalischen Affectionen der Gallenwege, chronischen Blasenkatarrhen, Harnsäureconcrementen, Gicht, ferner, und zwar
hervorragend die warmen Quellen, bei Diabetes. Während die kalten
alkalischen Säuerlinge zunächst im versendeten Zustande zum häuslichen Gebrauche, auch als diätetische Getränke während des ganzen
Jahres verwendet werden, sind die Thermalquellen durch hervorragende
vielbesuchte Curorte repräsentirt.

Von alkalischen Säuerlingen sind besonders erwähnenswerth:

	Doppeltkohlensaures Natron in 1 Liter Wasser	
Bilin in Böhmen mit	3·31	Grm.
Fachingen im Lahnthale mit	3·57	„
Fellathalquellen in Kärnten mit	4·29	„
Geilnau im Lahnthale mit	1·06	„
Giesshübl in Böhmen mit	1·19	„
Krondorf in Böhmen mit	1·14	„
Mont-Dore in Frankreich, Temperatur 45° C. mit	0·53	„
Neuenahr im Ahrthale, der Sprudel, Temperatur 40°C. mit	1·05	„
Preblau in Kärnten mit	2·14	„
Radein in Steiermark mit	3·01	„
Salzbrunn in Preussisch-Schlesien, Oberbrunn mit	2·15	„
Salvatorqnelle in Ungarn mit	0·30	„
Teinach im Schwarzwalde	0·39	„
Vals in Frankreich mit	7·28	„
Vichy in Frankreich, Grand Grille, Temperatur 41°C. mit	4·88	„

Von den genannten Quellen sind besonders Biliner Sauerbrunn,
das Fachinger Wasser, die Salzbrunner Quellen und die Salvatorquelle, sowie das Wasser von Vals im versendeten Zustande als Heilquellen bei harnsaurer Diathese, Erkrankungen des Harnapparates,
Harnconcrementen in beliebtem Gebrauche: Neuenahr und Vichy,
bekannte Curorte, mit Indication für katarrhalische Affectionen des
Digestionsapparates, Arthritis und Harnorganerkrankungen, sowie speciell
Diabetes.

Die alkalisch-muriatischen Säuerlinge, charakterisirt neben
dem kohlensauren Natron und der Kohlensäure durch eine nicht sehr
grosse, aber doch als wirksam zu betrachtende Menge von Chlornatrium,
welche zwischen 0·1—4·6 Grm. in 1 Liter Wasser schwankt. Sie
sind kalte und Thermalwässer. Ihre therapeutische Bedeutung ist eine
grössere als die der alkalischen Säuerlinge, denn manche Nachtheile
des letzteren, wie die bei längerem Gebrauche derselben in grösseren
Gaben leicht auftretende zu starke Neutralisation des Magensaftes und
Beeinträchtigung des Kräftezustandes werden durch die Beimengung
des Kochsalzes behoben. Auch eignen sich die alkalisch-muriatischen
Säuerlinge vorzüglich für solche Constitutionen, deren Ernährungspro-
cess ein anomaler ist, besonders für scrophulose Individuen. Als Heil-
anzeigen gelten katarrhalische Affectionen der Schleimhäute der
Respirationsorgane, auch der Digestionsorgane bei schwächlichen,
heruntergekommenen, scrophulösen Individuen, auch Phthisikern.

Die kalten Quellen dieser Gruppe eignen sich mehr bei jenen
pathologischen Zuständen, wo sich Atonie der Schleimhäute bekundet

und der kräftige Reiz der Kohlensäure erforderlich erscheint, während die Thermalquellen besonders für geschwächte Individuen passen und wenn die Schleimhäute sehr empfindlich sind.

Wir nennen aus dieser Gruppe:

	Doppeltkohlen-saures Natron		Chlornatrium in 1 Liter Wasser
Assmannshausen am Rhein, Quelle 32° C. warm mit	0·13 Grm.	und	0·57 Grm.
Ems im Lahnthale, Fürstenbrunnen, 39·4° C. warm mit	2·03 „	„	1·00 „
Gleichenberg in Steiermark, Constantinsquelle mit .	2·51 „	„	1·85 „
Luhatschowitz in Mähren, Louisenquelle mit . . .	6·76 „	„	4·35 „
Roisdorf im Rheinthale mit	1·11 „	„	1·84 „
Royat in der Auvergne, Source Eugenie, Temp. 35° C. mit	1·35 „	„	1·73 „
Selters im Taunus mit	1·23 „	„	2·33 „
Szcawnicza in Galizien, Magdalenenquelle mit . . .	8·44 „	„	4·61 „
Weilbach in Provinz Nassau, Natron-Lithionquelle mit	1·35 „	„	1·25 „

Die Quellen von Gleichenberg und Weilbach, sowie die Thermen von Ems haben besonderen Ruf zur Trinkcur bei chronischen Pharynx- und Larynx-, sowie Bronchialkatarrhen, bei chronischen Infiltrationsformen der Lunge, bei Resten von Pneumonie und Pleuritis, sowie Lungenemphysem, Assmannshausen und Royat namentlich bei Gicht, harnsauren Sedimenten, Blasenleiden, Luhatschowitz und Szcawnicza vorzugsweise bei den Affectionen torpid-scrophulöser Individuen. Das Wasser von Roisdorf, Selters kommt meist im versendeten Zustande zu längere Zeit dauerndem Gebrauche.

Die alkalisch-salinischen Quellen, Glaubersalzwässer, verdanken ihren hohen balneotherapeutischen Werth der Combination von schwefelsaurem Natron mit kohlensaurem Natron und Chlornatrium, sowie bei den kalten Quellen dieser Gruppe dem grossen Kohlensäuregehalte und der Eisenbeimengung, wogegen bei den Thermalquellen die höhere Temperatur des Wassers als wirksames Agens gegenübersteht. Der Gehalt dieser Quellen an Glaubersalz schwankt zwischen 0·8 bis 5·1 in 1 Liter Wasser, an kohlensaurem Natron zwischen 0·6—4·8 und an Chlornatrium zwischen 0·2—3·6. Die kalten Mineralwässer dieser Gruppe wirken selbst in geringer Dosis stark diuretisch, bei grösseren Gaben purgirend, die Thermalquellen vermindern die Harnausscheidung nicht unbeträchtlich und wirken weniger auf Förderung der Darmthätigkeit, hingegen die Verdauungsprocesse wesentlich günstig beeinflussend. Von grosser Wichtigkeit ist, dass die Glaubersalzwässer, hervorragend die kalten Quellen, auf Fettverminderung im Organismus einwirken, und zwar ohne dass ein stärkerer Körpereiweissverlust stattfindet, während den Thermen erfahrungsgemäss in erhöhterem Masse als den kalten Quellen dieser Gruppe ein heilsamer Einfluss auf Diabetes zukommt. Die hauptsächlichsten Indicationen für die Glaubersalzwässer sind: die grosse Symptomengruppe der Plethora abdominalis, Fettleibigkeit mit ihren belästigenden Symptomen, chronischer Magen- und Darmkatarrh, Leberkrankheiten, Gallenconcremente, harnsaure Diathese, Arthritis, Harnconcremente, Diabetes, Milztumoren als Reste der Malaria. Die Glaubersalzwässer werden zumeist nüchtern in einer Dosis von 200—1200 Grm. getrunken, zuweilen aber diese Gabe auf mehrere Male des Tages vertheilt. Bei zarteren Individuen findet zuweilen eine Vermischung der kalten Wässer mit einem Zusatze von warmer Milch oder Molke statt. Differentiell finden im Allgemeinen die kalten Glaubersalzwässer ihre Anzeige bei vollsaftigen. gut genährten Individuen und wo wegen organischer Veränderungen am Herzen oder den grossen Gefässen Wasser mit erhöhter Temperatur zu erregend wirkt. während die Thermalquellen mehr indicirt sind. wenn subacute Reizungen der Magen- und Darmschleimhaut. Neigungen zu Diarrhoe vorhanden sind. ferner bei zarteren, schwächlichen Individuen.

Alkalisch-salinische Quellen sind:

	Schwefelsaures Natr.	Doppeltkohlens. Natron	Chlornatrium in 1 Liter Wasser
Bertrich in Rheinpreussen, Wasser 32·5° C. warm mit	0·88 Grm.	0·72 Grm.	0·21 Grm.
Carlsbad in Böhmen. Sprudel, 72·5° C. warm mit	2·40 „	1·29 „	1·04 „
Elster im sächsischen Voigtland. Salzquelle mit	3·16 „	1·68 „	0·82 „
Franzensbad in Böhmen, Salzquelle mit . .	2·80 „	0·67 „	1·14 „
Marienbad in Böhmen, Ferdinandsbrunnen mit	3·04 „	1·82 „	2·04 „
Robitsch in Steiermark	3·02 „	1·07 „	0·09 „
Tarasp in der Schweiz. Luciusquelle	2·10 „	4·87 „	3·67 „

Von den zwei bedeutendsten Curorten dieser Gruppe Marienbad und Carlsbad nimmt der erstere als Specialindicationen für sich in Anspruch: Die durch zu reichliche Ernährung. habituelle Stuhlverstopfung und sitzende Lebensweise verursachten Stauungen im Pfortadergebiete, übermässige Fettbildung. besonders das Fettherz (Mastfettherz) mit seinen Folgezuständen. die Leiden des Klimakteriums der Frauen: während Carlsbads specifische Wirksamkeit bei den verschiedensten Magen- und Leberleiden. chronischem Magengeschwür, Gallensteinen, Harnconcrementen. Diabetes mellitus durch tausendfältige Empirie gegründet ist. Franzensbad und Elster eignen sich namentlich, wenn die Anzeigen für den Gebrauch der Glaubersalzwässer Blutarme, in der Ernährung herabgekommene Personen betreffen. Robitsch und Bertrich vorzugsweise. wenn die pathologischen Veränderungen im Digestionstracte keinen wesentlichen Grad erreicht haben. Tarasp, wenn auf die Beeinflussung durch das Höhenklima ein Hauptgewicht gelegt wird.

Kochsalzwässer.

Die Gruppe der Kochsalzwässer umfasst jene Mineralquellen. kalte und Thermen. welche in weitaus überragender Weise das Chlornatrium als vorwiegenden Bestandtheil enthalten. daneben noch andere Chlorverbindungen. schwefelsaure Alkali- und Erdsalze. zuweilen beträchtliche Mengen kohlensauren Eisenoxyduls oder Jod- und Bromverbindungen. von gasförmigen Stoffen vorzugsweise Kohlensäure. selten Schwefelwasserstoff. Für Trinkcuren kommen vorzugsweise die einfachen Koch-salzwässer und die Jod-Brom-hältigen Quellen in Betracht.

Die einfachen Kochsalzwässer mit einem bedeutenden, jedoch nie 2° ; übersteigenden Gehalte an festen Bestandtheilen. deren grössere Hälfte aus Chlornatrium und anderen Chloriden besteht, verdanken ihren pharmakodynamischen Werth vorzugsweise dem Kochsalze und der Kohlensäure. Das Chlornatrium. dessen Unentbehrlichkeit für die Ernährung feststeht. übt einen Anreiz zur lebhafteren Secretion auf allen Schleimhäuten. speciell einen sehr wichtigen positiven Einfluss auf die Secretion des Magensaftes. reizt die Darmschleimhaut. vermehrt die Harnausscheidung und gibt die Einwirkung auf den Stoffwechsel durch vermehrte Harnstoffausscheidung mit Steigerung des Kochsalzgehaltes des Harnes kund. Die Verdauung wird nicht nur durch das Chlornatrium in kleineren Mengen angeregt, sondern dieses trägt auch zu besseren Lösungen des in den Speisen enthaltenen Eiweisses und der stärkemehlhaltigen Stoffe bei, begünstigt somit die vollständigere Ausnutzung des in demselben enthaltenen Nahrungswerthes für den Organismus. Die grössere und gleichmässigere Lösung der Nahrungsmittel führt dem Darme einen viel leichter zu verarbeitenden Speisebrei zu und somit wird auch die Darmverdauung durch die Einführung mässiger Gaben Chlornatriums gefördert. Die Allgemeinwirkung der Kochsalzwässer in einer Gabe von 200—1000 Grm. des Tages lässt sich bezeichnen als: Anregung und Förderung der Verdauung, vermehrter Umsatz der stickstoffhaltigen Gewebselemente und gesteigerte Ausscheidung, aber auch raschere Aufnahme der Nahrungsstoffe in den Kreislauf und beschleunigte Anbildung der Gewebe.

Dementsprechend sind die häufigsten Indicationen für die Trinkcuren mit Kochsalzwässern: Chronische Katarrhe des Pharynx und Naso-Pharyngealraumes mit Theilnahme des Larynx und der Bronchien. chronischer Katarrh des Magens, Duodenums und die Gallenwege, Abdominalstasen mit deren Folgezuständen. Scrophulose und Rachitis, Fettleibigkeit, Arthritis und Lithiasis.

In letzterer Beziehung hat man in neuerer Zeit Gewicht auf den Gehalt der Kochsalzwässer an Lithion gelegt, diesem Bestandtheile eine specielle Bedeutung als Harnsäure lösendem Mittel zugewiesen und solche an Lithionsalzen reiche Quellen speciell als Lithionwässer bezeichnet. Experimentell ist zwar noch nicht erwiesen, dass die Einbringung der Lithionsalze in den menschlichen Körper genüge, um die ausgefallene Harnsäure in leicht lösliche Verbindungen zu überführen, auch ist der Gehalt an Lithion in den Mineralwässern zumeist ein so geringer, dass eine bedeutende Wirksamkeit unwahrscheinlich ist, indess ist die Thatsache, dass dem Lithion eine wesentliche diuretische Eigenschaft zukommt, doch ein Moment, um den Gebrauch solcher an Lithion reichen Kochsalzwässer bei Gicht und Harnsteinen zu befürworten.

Je torpider die Constitution des Kranken ist, um so kräftigere Einwirkung durch Anwendung der kohlensäurereichen kalten Kochsalzwässer ist angezeigt, während man bei grosser allgemeiner Reizbarkeit und speciell solcher der Magenschleimhaut lieber die Kochsalzthermen trinken lässt. Contraindicirt sind die Kochsalzwässer bei bedeutender Vulnerabilität der Magenschleimhaut, beim chronischen Magengeschwür. bei Verdacht auf maligne Neubildungen des Magens.

Von den zahlreichen Kochsalztrinkquellen seien hervorgehoben:

	Chlornatrium in 1 Liter Wasser
Baden-Baden im Schwarzwalde, Hauptquelle, Temperatur 68⁰ C. mit	2·01 Grm.
Bourboule in Frankreich, Temperatur 19—61⁰ C. mit	3·16 „
Bourbonne in Frankreich, Temperatur 58—66⁰ C. mit	5·80 „
Cannstadt in Württemberg, Quelle Weiblein 20⁰ C. mit	2·45 „
Homburg in Preussen, Elisabethbrunnen mit	9·86 „
Kissingen in Baiern, Rakoczy mit	5·82 „
Kronthal in Preussen, Kronthalbrunnen mit	3·54 „
Mondorf in Luxemburg, Quelle 24⁰ C. mit	8·72 „
Pyrmont in Waldeck, Salztrinkquelle mit	7·05 „
Soden im Taunus, der Warmbrunnen 23⁰ C. mit	3·34 „
Wiesbaden in Preussen, Kochbrunnen 68⁰ C. mit	6·83 „

Von den genannten Quellen eignen sich die Trinkquellen des viel-
besuchten Curortes Kissingen für die obbezeichneten Krankheitsformen
besonders in Fällen, bei denen sich ein darniederliegender Stoffwechsel
kundgibt. Anämie oder Scrophulose vorhanden ist und nur ein nicht
zu starker Eingriff auf die Verdauungsorgane gewünscht wird. Hom-
burgs Elisabethbrunnen besitzt eine kräftiger auflösende Wirkung.
Von den Thermalquellen sind die Mondorfs und Wiesbadens am
kräftigsten.

Als Lithionwässer wären zu nennen: die Bonifaciusquelle in
Salzschlirf mit 0·218 Lithionverbindungen in 1 Liter Wasser, dann die
Königsquelle in Elster mit 0·108. die Ungemachquelle in Baden-
Baden mit 0·053. der Radeiner Sauerbrunnen mit 0·041, die neue
Quelle in Dürkheim mit 0·039. die Quelle in Assmannshausen mit
0·027. die Salvatorquelle in Eperies mit 0·022, der Elisabethbrunnen
in Homburg mit 0·021. der Rakoczy in Kissingen mit 0·020, die
Kaiser Friedrichquelle in Offenbach a. M. mit 0·019, der Ober-
brunnen in Salzbrunn mit 0·013. die Kronenquelle in Salzbrunn mit
0·011. der Josefsbrunnen in Bilin mit 0·010, die Wilhelmsquelle in
Ems mit 0·010. die Natron-Lithionquelle in Weilbach mit 0·009.

Die jod- und bromhaltigen Kochsalzwässer enthalten in
ihrer relativen Menge bemerkenswerthe Jod- und Bromverbindungen,
deren pharmakodynamischer Effect besonders nach der Richtung in
Betracht kömmt, dass sie die Thätigkeit der Lymphgefässe anregen,
die Resorption besonders in den drüsigen Organen. aber auch in allen
anderen Geweben steigern. Ihre Anwendung zu Trinkcuren findet ihre
Anzeige vorzugsweise bei Scrophulose, Syphilis, verschiedenen
Drüsenschwellungen, besonders Struma, Hautkrankheiten. Contraindicirt
ist der innerliche Gebrauch dieser Wässer bei allgemeinen hochgradig
anämischen und kachektischen Zuständen, sowie bei chronisch entzündlichen Zuständen der Digestionsorgane. Die Dosirung der stark jodhaltigen Kochsalzwässer muss mit Vorsicht geschehen, 1—5 Deciliter
auf mehrere Dosen des Tages vertheilt.

Als Jod-Trinkwässer seien hervorgehoben:

	Chlornatrium	Jodmagnesium in 1 Liter Wasser
Hall in Oberösterreich, Tassiloquelle mit	12·17 Grm.	0·042 Grm.
Heilbronn in Oberbayern, Adelheidsquelle mit . .	4·97 „	0·030 „
Iwonicz in Galizien, Karlsquelle mit . . . . · . .	8·37 „	0·016 „
Krankenheil (Tölz) in Bayern mit	0·29 „	0·0015 „
Krenznach in Preussen, Elisabethquelle mit . . .	13·34 „	0·0004 „
Lipik in Ungarn, Temperatur 64° C. mit	0·61 „	0·0209 „
Salzschlirf in Hessen, Bonifaciusbrunnen mit . .	10·24 „	0·0049 „
Sulzbrunn in Bayern, Römerquelle mit	1·91 „	0·015 „
Wildegg in der Schweiz	7·74 „	0·025 „
Zaizon in Siebenbürgen, Ferdinandsquelle mit . . .	0·92 „	0·001 „

Besonderen Rufes unter diesen Trinkquellen erfreut sich Hall
bei den verschiedenartigen Manifestationen der Scrophulose, sowie
Strumen. und zwar sowohl im Curorte getrunken, wie im versendeten
Zustande. Viel gebraucht ist auch die Adelheidsquelle, während bei
Krankenheil die Höhenlage eine wesentliche Rolle spielt. Eigenartig
durch seine Thermalität ist Lipik. Bei dem Curgebrauche aller Ge-
wässer an Ort und Stelle ist der Bädergebrauch ein wesentliches Agens.

Bitterwässer.

Die als Bitterwässer bezeichneten Mineralwässer zeichnen sich durch einen sehr hohen Gehalt an schwefelsaurem Natron und schwefelsaurer Magnesia aus, neben welchen Salzen auch noch kohlensaure Magnesia, kohlensaurer Kalk, Chlornatrium, Chlormagnesium in hohen Ziffern vorkommen. Dieser grossen Menge von festen Bestandtheilen steht nur ein geringer Gehalt an flüchtigen gegenüber, namentlich fehlt es an der die meisten Mineralwässer charakterisirenden Kohlensäure fast zur Gänze. Es ist weiter bemerkenswerth, dass alle Quellen dieser Gruppe kalte Wässer sind. Ihre Wirkung beruht auf der purgirenden, die Secretion des Darmcanales anregenden, zugleich die Fäcalmassen verflüssigenden, aber auch die Schleimhaut intensiv reizenden Eigenschaft der schwefelsauren Magnesia, verbunden mit dem schwefelsauren Natron. Diesem purgirenden Effecte entspricht es, dass bei grösseren Gaben und längerem Gebrauche ein beschleunigter Umsatz der Fettgewebe des Körpers, aber, und das ist wesentlich, auch eine Herabsetzung des Eiweissbestandes des Körpers und eine Beeinträchtigung der Blutbildung stattfindet.

Daraus ergibt sich, dass die Bitterwässer zumeist nur in kleinen Gaben, die sich natürlich nach dem Salzgehalte des betreffenden Bitterwassers richten und nicht zu lange Zeit dauernd gebraucht werden sollen. Von den kräftigen Bitterwässern ist die Dosis mit 80—160 Grm. zu bestimmen. Die reizende Einwirkung der Bitterwässer auf die Schleimhaut des Verdauungstractes ist oft nicht blos eine vorübergehende, sondern bleibt auch noch nach Entfernung der Salze durch die Stuhlentleerungen zurück, so dass leicht zu Magen- und Darmkatarrhen Veranlassung gegeben wird. Diese Mineralwässer werden deshalb nicht zu einer eigentlichen systematischen Cur an der Quelle selbst, sondern nur zum Hausgebrauche für kurze Zeit, oder als Zusatz zu anderen Mineralwässern benützt, um die purgirende Wirkung stärker zu erzielen. In den letzten Jahren sind diese Wässer zu einem grossen Exportartikel geworden.

Die Bitterwässer finden in kleinen Gaben ihre Anzeige, wo es darauf ankommt, durch einige Zeit anregend auf den Darm zu wirken und wo man die Verabreichung von kohlensäurehaltigen Mineralwässern oder Thermen wegen der Erregung des Gefässsystems fürchtet, daher vorzüglich bei Abdominalstasen während der Gravidität, sowie bei bedeutender Arteriosklerose oder wesentlichen organischen Herzfehlern. Grössere Gaben von Bitterwasser, und zwar zum einmaligen oder nur wenige Male wiederholten Gebrauche finden ihre berechtigte Verordnung und Bevorzugung vor anderen gleichfalls ekkoprotisch wirkenden Mineralwässern bei mannigfaltigen Zuständen, in denen es sich um eine rasche und ausgiebige Entleerung des Darmes von längere Zeit zurückgehaltenen Kothmassen, um Entfernung von Fremdkörpern, wie Eingeweidewürmern, Concrementen, aus dem Intestinaltracte handelt, ferner wenn man behufs Entlastung einzelner Organe von Blutstasen oder entzündlichen Processen, wie bei Gehirnhyperämie, Meningitis, Pleuritis, eine ableitende Wirkung auf den Darm erzielen will. Wenig zweckmässig erscheint es, die Bitterwässer durch längere Zeit zu dem Ziele anzuwenden, um durch eine raschere Abfuhr von Nahrungs-

stollen bei ungenügendem Wiederersatze dieser Verluste eine Abnahme
des Körpergewichtes und Schwinden des übermässig angesammelten
Körperfettes herbeizuführen.
Contraindicirt ist der längere Gebrauch der Bitterwässer bei
grosser Reizbarkeit des Magens und Darmes, bei katarrhalischen Affectionen der Schleimhäute des Digestionstractes, bei Neigung zu Diarrhoen,
bei anämischen oder in ihrer Ernährung heruntergekommenen Individuen.

In Bitterwässern herrscht eine grosse Auswahl, von den schwächeren
Quellen, die sich mehr den Kochsalzwässern und Glaubersalzwässern
anreihen, bis zu den stärksten concentrirten Salzlösungen. Die bekann-
teren derselben sind:

	Schwefelsaures Natron	Schwefels. Magnesia in 1 Liter Wasser
Alap in Ungarn mit	19·14 Grm.	2·90 Grm.
Birmensdorf in der Schweiz	7·00 „	22·00 -
Budapester (Ungarn) Bitterwässer, darunter:		
Hunyadi Janos	22·55 „	22·35 „
Franz Josef	23·18 „	24·78 „
Victoria	33·51 „	24·19 „
Friedrichshall in Sachsen-Meiningen . .	6·05 „	5·15 „
Mergentheim in Württemberg	6·67 „	5·43 „
Püllna in Böhmen	9·59 „	10·85 „
Saidschütz in Böhmen	6·09 „	10·96 „

Schwefelwässer.

Unter die Schwefelquellen sind jene Mineralwässer einzureihen,
welche als constanten normalen Bestandtheil eine Schwefelverbindung,
entweder freien Schwefelwasserstoff und Kohlenoxydsulfid (eine Kohlensäure, in welcher ein Atom Sauerstoff durch Schwefel vertreten ist)
oder ein Schwefelmetall: Schwefelnatrium, Schwefelcalcium, Schwefel-
magnesium, Schwefelkalium oder beide zusammen enthalten, neben
denen die anderen, mehr in den Hintergrund tretenden Bestandtheile
mannigfacher Art, oft Erdsalze und Kochsalz, sein können. Diese Neben-
bestandtheile sind es, nach denen man die Schwefelwässer in Unter-
abtheilungen bringt; Schwefelkochsalzwässer, mit beträchtlichen
Mengen von Chlornatrium, alkalische Schwefelquellen mit wesentlicher Beimengung von kohlensaurem Natron, Schwefelkalkwässer,
welche besonders schwefelsauren und kohlensauren Kalk enthalten,
Schwefelnatriumwässer mit wenigen festen Bestandtheilen, den
Schwefel vorzugsweise an Natrium gebunden. Der Gehalt an Schwefel
schwankt in den Quellen dieser Gruppe von 0·001 bis 0·09 in 1 Liter
Wasser. Manche Schwefelthermen enthalten eine eigenthümliche stick-
stoffhaltige Substanz, die Barégine, welche aus der Zersetzung einer
dem Thermalwasser beigemengten Conferve hervorgeht.
Die pharmakodynamische Wirkung der Schwefelwässer beim
Trinkgebrauche beruht zumeist auf der Einwirkung des Schwefelwasserstoffes auf den Stoffwechsel, welche allerdings im Allgemeinen noch
recht wenig aufgeklärt und in ihrem Effecte bei den Schwefelwässern
um so schwieriger zu beurtheilen ist, als hier der Schwefelwasserstoff
zumeist mit anderen Gasen gemischt vorkommt, namentlich mit Stickstoff, Kohlenwasserstoff und Kohlensäure. Man nimmt gewöhnlich an,
dass der Einfluss des Schwefelwasserstoffes ein den Zerfall der Blut-
kügelchen begünstigender sei, dass er hauptsächlich die rückbildende

Seite der Stoffmetamorphose anrege und auf die Ernährung verlangsamend wirke. Empirisch zeigt sich beim Gebrauche der Schwefelwässer zu Trinkcuren: Anregung der Darmthätigkeit, Vermehrung der Gallensecretion, dadurch freiere Blutbewegung in der Pfortader und Leber, Vermehrung der schwefelsauren Salze im Harne, die parallel mit der Vermehrung des Harnstoffes geht. Als Indication für Trinkcuren mit Schwefelwässern gelten darum: Abdominale Plethora und ihre Folgezustände, hyperämische Zustände der Leber, chronische Katarrhe der Bronchien, des Larynx und Pharynx, insoferne sie mit Störungen der Blutcirculation im Unterleibe in Verbindung sind, chronische Metallintoxicationen, besonders Mercurialvergiftung, Syphilis. In letzterer Beziehung ist zu bemerken, dass das rasche Durchdrungenwerden der Gewebe von dem im Magendarmcanal aufgenommenen Schwefelwasserstoff eine Lösung von Metallalbuminaten und Eliminirung der metallischen Molecüle durch die Leber in den Harn nicht unwahrscheinlich macht, dass aber die früher so sehr betonte specifische Wirkung der Schwefelwässer gegen Syphilis oder ihre Fähigkeit, latente Syphilis wieder sichtbar zu machen, und somit ihr diagnostischer Werth für zweifelhafte Fälle sich jetzt nicht mehr aufrecht halten lässt. Der innere Gebrauch der Schwefelwässer bei Syphilis hat nichts vor den Trinkcuren mit Glaubersalzwässern oder Kochsalzwässern voraus, welche gleichfalls die Ausscheidungen anregen und den Stoffwechsel fördern.

Contraindicirt ist die Trinkcur mit Schwefelwässern bei Individuen, deren Verdauungsthätigkeit sehr darniederliegt oder die hochgradig anämisch sind.

Zum Trinken werden die Schwefelwässer entweder rein oder gemischt mit Milch, Molken, Bitterwasser, abführenden Salzen, Haferschleim und Gummisyrup, meist Morgens nüchtern getrunken. Die Dosis beträgt 150 bis 1200 Grm. Mit dem Trinken verbindet man an manchen Schwefelquellen die Inhalation des Wassers, wodurch auf der Schleimhaut des Respirationstractes vermehrte Secretion, Auflockerung des Gewebes, Epithelialabstossung bewirkt wird, ein Effect, welcher bei chronischen Katarrhen der Athmungsorgane zur Verwerthung gelangt. Originell sind die Inhalationen in den Fumaroli von Puzzuoli bei Neapel, wo die Solfatara, der Krater eines halberloschenen Vulcans, welchem Schwefeldämpfe entströmen, zur Einathmung der letzteren benützt wird.

Jüngst hat *H. Schulz* betont, dass die therapeutische Anwendung des Schwefelwasserstoffes gleichbedeutend mit der Anwendung äusserst fein vertheilten Schwefels ist, und dass der Schwefel unter gewissen Bedingungen, wobei die Anwesenheit alkalisch reagirender Stoffe noch eine wesentliche Rolle spielt, im Stande ist, als Sauerstoffüberträger zu wirken und mithin bestimmte Oxydationsvorgänge in ihrer Energie wesentlich zu steigern. Der Schwefel sei möglicherweise berufen, die intramoleculare Verbrennung des Eiweisses überhaupt erst zu ermöglichen und zu der für die Unterhaltung der Lebensvorgänge nothwendigen Menge zu steigern. So wie bekanntermassen das Eisen im Blutfarbstoffe die Hauptrolle in der schliesslichen Vermittlung des Sauerstoffzutrittes zu den Geweben spielt, so könne dem Schwefel eine gleiche Bedeutung für den Sauerstoffumsatz im Protoplasma selbst eingeräumt werden. Was den Einwand betrifft, dass die Menge des in 1 Liter der gebräuchlichen Schwefelbrunnen enthaltenen Schwefels eine zu geringfügige sei, als dass ihre Wirkung in Betracht komme, so hat *Schulz* experimentell dargethan, dass der systematische Gebrauch einer alkoholischen Lösung von reinem Schwefel, die diesen im Verhältniss von 0·035% enthielt, charakteristische pharmakodynamische Wirkungen erzielte. (Es wurden in der ersten Woche täglich 10. in der zweiten und dritten Woche täglich 20 und in der vierten Woche täglich 30 Ccm. genommen; im Ganzen wurden innerhalb vier Wochen 560 Ccm. der Schwefellösung gebraucht. entsprechend 0·196 Grm. Trinkt Jemand täglich 300 Ccm. Nenndorfer Schwefelwasser, so nimmt er etwa die gleiche Menge in drei Wochen zu sich.)

Von den zum Trinken benützten Schwefelwässern sind besonders zu erwähnen:

	In 1 Liter Wasser Gramm	
A a c h e n in Rheinpreussen, Kaiserquelle, Temperatur 55°C.	Schwefelnatrium .	0·014
	Chlornatrium . . .	2·61
B a d e n bei Wien, Römerquelle, 34° C.	Calciumsulfhydrat .	0·0195
	Chlormagnesium . .	0·31
B a g n è r e s de L u c h o n in Frankreich, 55·2° C. . . .	Schwefelnatrium .	0·02
	Chlornatrium . .	0·06
C a u t e r è t s in Frankreich, 39·4 C.	Schwefelnatrium .	0·02
E i l s e n in Schaumburg-Lippe, Georgenbrunnen . . .	Schwefelsaurer Kalk	1·94
	Chlornatrium . . .	0·10
G u r n i g e l in der Schweiz, Schwarzbrünnli .	Schwefelcalcium .	0·004
	Chlornatrium . . .	0·005
L a n g e n b r ü c k e n in Baden, Waldquelle	Schwefelcalcium .	0·0056
M e h a d i a in Ungarn, Szaparyquelle, 48·2° C. .	Schwefelcalcium .	0·030
	Chlornatrium . . .	3·72
M e i n b e r g im Fürstenthum Lippe, Schwefelquelle	Schwefelnatrium .	0·008
	Kohlensaurer Kalk .	0·29
N e n n d o r f in Hessen, Trinkquelle .	. Schwefelcalcium .	0·07
S c h i n z n a c h in der Schweiz, 36° C.	Schwefelcalcium .	0·008
	Chlornatrium . . .	0·58
W e i l b a c h in der Provinz Nassau, Schwefelquelle	Schwefelcalcium .	0·038
	Chlornatrium . . .	0·27

Therapeutisch sind von den Schwefelwässern die **Thermalquellen** und die an **Chlornatrium reicheren** bedeutsamer als die kalten Wässer und mit geringer Menge fester Bestandtheile. Bei den Schwefelthermen spielt übrigens die Verbindung mit der Anwendung zu Bädern, von welcher später die Rede sein wird, eine Hauptrolle.

Eisenwässer.

Als Eisenwässer werden jene Mineralwässer bezeichnet, welche Eisen in bemerkenswerther Menge enthalten, ohne dass die Summe ihrer sonstigen festen Bestandtheile eine grosse ist. Solchermassen beträgt die Menge des Eisens an einem reinen Eisenwasser mindestens $1/200$ des Gesammtgewichtes aller festen Bestandtheile, zuweilen aber sogar bis $1/10$ dieses Gewichtes. Die absolute Eisenmenge schwankt zwischen 0·01—0·16. Je nachdem das Eisen als doppeltkohlensaures Eisenoxydul oder schwefelsaures Eisenoxydul vorkommt, werden die beiden Gruppen der kohlensauren oder schwefelsauren Eisenwässer unterschieden.

Die **kohlensauren Eisenwässer**, die eigentlichen **Stahlquellen**. enthalten das Eisen als Bicarbonat in Wasser löslich und besitzen zumeist grossen Reichthum an Kohlensäure. Vorwiegend sind sie kalte Wässer, nur vereinzelt finden sich in Ungarn, Frankreich und Russland Eisenthermen. Entsprechend der seit Altersher bekannten Wirkung des Eisens auf das Blut haben die Versuche von *Reinl*, *Kisch*, *Scherpf* als constantes Resultat des mehrwöchentlichen inneren Gebrauches von kohlensauren Eisenwässern Vermehrung der Zahl der rothen Blutkörperchen, Steigerung des Hämoglobingehaltes des Blutes, Zunahme des Körpergewichtes ergeben. Die leichteren Grade von Hypoglobulie, vielleicht bis zu 20% Blutkörperchenverlust, werden gewöhnlich nach einigen Wochen Stahlwassergebrauch rasch und vollkommen beseitigt. Für die schwereren Formen ergibt sich innerhalb einer solchen Curperiode eine durchschnittliche Zunahme der rothen Blutkörperchen um 1—1·5 Millionen mit bleibendem Werthe. Ferner wurde Vermehrung der Harnstoffausscheidung, Erhöhung der Pulsfrequenz und Steigerung der Körpertemperatur um $1/_2 - 1^0$ C. nach einer vier- bis sechswöchentlichen Trinkcur mit Eisenwässern constatirt. Dabei wird der Appetit angeregt, der Blutdruck erhöht, allgemeines Wohlbehagen empfunden, die Thätigkeit des Darmcanales modificirt, indem Stuhlverstopfung auftritt, die Menge des Harnes vermindert, die Acidität, die festen Substanzen und der Harnstoffgehalt des Harnes vermehrt.

Daraus ergibt sich im Allgemeinen die den Stoffwechsel und die Blutbildung fördernde Eigenschaft der Eisenwässer, welche durch die neben dem Eisen enthaltenen Bestandtheile verschiedene Modification erfährt. So ist dem Reichthum an freier Kohlensäure eine Anregung der Magenbewegung und Darmperistaltik, sowie den kleinen Mengen von Chlornatrium, kohlensaurem Natron und schwefelsaurem Natron ein günstiger Einfluss auf die Digestion zuzuschreiben. Ein länger fortgesetzter (6—12 Wochen) Gebrauch der Eisenwässer, sei es an der Quelle oder im versendeten Zustande, ist nothwendig, um eine wesentliche Veränderung der Blutbeschaffenheit und die davon abhängigen Folgen zu erzielen. Die Menge des zu einer Trinkcur verwendeten Stahlwassers soll auf mehrere Gaben des Tages vertheilt werden, im Ganzen 400—800 Grm. betragen. Sehr zweckmässig ist es, das Eisenwasser auch während der Hauptmahlzeit trinken zu lassen, weil die reichliche Absonderung des Magensaftes während des Essens oder unmittelbar nach dem Essen für die Resorption des Eisens von Wichtigkeit ist.

Als allgemeine Indicationen für die Trinkcur mit Stahlwässern sind anzuführen: Oligämie, sowohl die primäre Form als solche, die von Erkrankungen verschiedener Art abhängig, Chlorose, Anämie nach Malaria, bei protrahirter Reconvalescenz nach schweren acuten Krankheiten, nach langer Lactation, nach anhaltender grosser körperlicher und geistiger Ueberanstrengung, chronische Krankheiten des Nervensystems mit Anämie verbunden, Erkrankungen des Sexualsystems des Mannes mit dem Charakter der Schwäche, chronische Krankheiten des weiblichen Genitale. Contraindicirt sind solche Trinkcuren bei allen febrilen Zuständen, bei Herzkrankheiten mit Compensationsstörungen, bei Arteriosklerose, endlich bei Individuen, wo der Verdacht auf Phthise berechtigt ist oder diese sich gar nachweisen lässt und Hämoptoe vorhanden ist.

Von reinen kohlensauren Eisenwässern, deren Zahl eine ausserordentlich grosse ist, seien hervorgehoben:

	Doppeltkohlen-saures Eisenoxydul	Freie Kohlen-säure in 1 Liter Wasser
Bartfeld in Ungarn, Hauptquelle mit	0·087 Grm.	und 1683 Ccm.
Bocklet in Bayern, Stahlquelle mit	0·087 „	„ 1505 „
Cudowa in Preussisch-Schlesien, Eugenquelle mit . .	0·063 „	„ 1200 „
Elster in Sachsen, Königsquelle mit	0·084 „	„ 1266 „
Franzensbad in Böhmen, Stahlquelle mit	0·079 „	„ 1528 „
Imnau in Hohenzollern, Kasparquelle mit	0·052 „	„ 987 „
Königswart in Böhmen, Victorsquelle mit	0·085 „	„ 1163 „
Krynica in Galizien, Hauptquelle mit	0·029 „	„ 1513 „
Lobenstein im Fürstenthum Reuss. Stahlquelle mit	0·085 „	„ 34 „
Liebenstein in Meiningen, alte Quelle mit	0·104 „	„ 906 „
Marienbad in Böhmen, Ambrosiusbrunn mit	0·166 „	„ 1173 „
Petersthal in Baden. Petersquelle mit	0·045 „	„ 1282 „
Pyrmont im Fürstenthum Waldeck, Hauptquelle mit	0·077 „	„ 1407 „
Reinerz in Preuss.-Schlesien. laue Quelle 18·4° C. mit	0·037 „	„ 1097 „
Rippoldsau in Baden, Wenzelsquelle mit	0·094 „	„ 559 „
Schwalbach in der Provinz Nassau, Stahlbrunnen mit	0·083 „	„ 1571 „
Spa in Belgien, Pouhon mit	0·071 „	„ 304 „
Steben in Bayern. Tempelquelle mit	0·062 „	„ 1382 „
St. Moritz in der Schweiz, neue Quelle	0·038 „	„ 1282 „
Szliács in Ungarn, Lenkeyquelle, 23° C. warm mit . .	0·119 „	„ 894 „
Vichnye in Ungarn, 36° C. warm mit	0·016 „	„ 337 „

Von den genannten Stahlwässern zeichnen sich durch geringen
Gehalt an festen Bestandtheilen und demgemäss das Ueberwiegen des
Eisens, sowie grossen Reichthum an Kohlensäure besonders Königs-
warter Victorquelle. Franzensbader Stahlquelle, Marienbader Am-
brosiusbrunnen. Petersthaler Petersquelle. Pyrmonter Haupt-
quelle. Schwalbachs Stahlbrunnen und Stebens Tempelquelle
aus. Durch die Höhenlage des Curortes. welche als ein für die Blutbildung fördernder klimatischer Factor angesehen wird, zeichnen sich
folgende Stahlquellen aus: St. Moritz. 1800 Meter ü. M. gelegen.
Sangerberg. 730 Meter ü. M., Steben. 730 Meter ü. M.. Königswart. 720 Meter ü. M.. Marienbad, 640 Meter ü. M., Rippoldsau,
590 Meter ü. M.. Reinerz. 558 Meter ü. M.

Die schwefelsauren Eisenwässer. charakterisirt durch das
in ihnen enthaltene schwefelsaure Eisenoxydul. welches in einer Menge
von 0·04—2·4 in 1000 Theilen Wasser enthalten ist, besitzen ausserdem schwefelsaure Alkalien, zuweilen auch Alaun und Arsenik und
werden erst in jüngster Zeit als Trinkwässer gewürdigt. Methodisch und
vorsichtig in geringen, allmählich steigenden Mengen getrunken, bieten
sie den Nachtheil der Schwerverdaulichkeit nur in geringem Grade.
Sie haben ausser der allen Eisenwässern gemeinsamen auf Steigerung
der Blutbildung gerichteten Wirkung im Darmcanale einen adstringi-
renden und desinficirenden Effect.

Ihre Specialindication finden darum die schwefelsauren Eisenwässer bei anämischen Individuen. Erwachsenen wie Kindern. die an
chronischen Durchfällen. Darmkatarrhen. Geschwüren der Magen-
und Darmschleimhaut leiden. ferner bei Malaria, Kachexie.

Die Dosirung dieser schwefelsauren Eisenwässer beginne man im
Durchschnitte mit 10 Grm. früh. füge dann einige Tage später eine
gleiche Portion in den Nachmittagsstunden bei, oder lasse das Wasser
zu Mittag. resp. zum Abendessen geniessen. Im Allgemeinen genügt eine

tägliche Gabe von 500 Grm., bei Kindern 300 Grm. Solche schwefelsaure Eisenwässer sind:

Schwefelsaures Eisenoxydul
in 1 Liter Wasser

Alexisbad im Harze, Freundschaftsquelle mit	0·046 Grm.
Mitterbad in Tirol mit	0·50 „
Muskau in Preussen, Trinkquelle mit	0·17 .
Parád in Ungarn, Helenenquelle mit	0·58 „
Ratzes in Tirol mit	0·66 „
Ronneby in Schweden, neue Quelle mit	0·20 ..

Besonderen therapeutischen Werth für Trinkcuren haben jene
Mineralwässer dieser Gruppe, welche sich durch einen sowohl absolut
als relativ in Bezug auf die übrigen Bestandtheile hervorragenden
Arsengehalt auszeichnen und deshalb als Arsenwässer bezeichnet
werden. Hier tritt zu dem Einflusse des Eisens auch Blutbildung und
zu der Einwirkung des Eisensulfats als Adstringens und Desinficiens
noch die Beeinflussung des Gesammtstoffwechsels wie einzelner Organe
durch den Arsengebrauch in kleinen Dosen hinzu. In dieser letzteren
Beziehung ist auf die, allerdings nicht ganz sicher festgestellte Verminderung des Eiweisszerfalles und Herabsetzung der Erregung der
Herzganglien, sowie auf den Effect der gesteigerten Esslust, der vermehrten Darmperistaltik, der erleichterten Bewegungsfähigkeit, des erhöhten allgemeinen Empfindens von Wohlbehagen, der zunehmenden
Körperfülle hinzuweisen.

Es lassen sich darum als Indicationen für den curmässigen Trink-
gebrauch der Arsenwässer angeben: Oligämische Zustände und Chlorose, besonders wenn sie mit wesentlicher Abmagerung einhergehen,
die bei anämischen und leukämischen Individuen auftretenden Lymph-
drüsentumoren, chronische Malariaerkrankung mit grossem Verfall
der Kräfte und Ernährung, gegen den die lange Zeit angewendete
Chininbehandlung schon versagt, endlich eine Reihe von Nervenkrankheiten, welche in anämisch-chlorotischer Blutbeschaffenheit begründet sind, so Chorea, Neuralgien mannigfacher Localisirung.

Die Arsenwässer werden zumeist in versendetem Zustande, zuweilen auch an Ort und Stelle gebraucht. Man beginnt mit 1—2 Esslöffeln voll täglich und steigt bis zu 4—6 Esslöffeln je nach der Stärke
des Arsenwassers, bei Kindern die Hälfte. Man darf das Arsenwasser
nicht nüchtern trinken lassen, am besten nach den Hauptmahlzeiten,
und zwar gemischt mit Malaga, Rothwein oder Milch, Selterswasser
u. s. w. Sobald Intoxicationserscheinungen, wie Schlundschmerzen, Con-
junctivitis, Appetitstörungen, Druck in der Magengegend, auftreten,
muss man das Trinken des Arsenwassers aussetzen oder mindestens in
der Dosis zurückgehen.

Die kräftigsten Arsenwässer sind:

In 1 Liter
Wasser
Gramm

Levico in Südtirol, Starkwasserquelle	Schwefelsaures Eisenoxydul	2·56
	Arsenige Säure	0·0029
Roncegno in Südtirol	Schwefelsaures Eisenoxydul	3·03
	Arsensäure	0·1158
Srebrenica in Bosnien, Guberquelle	Schwefelsaures Eisenoxydul	0·373
	Arsenigsäureanhydrid	0·0061

Auch die Eugenquelle in Cudowa und das Wasser von Lausigk
haben bemerkenswerthen Arsengehalt; erstere 0·0025 arsenigsauren
Natrons, letzteres 0·0001 arseniger Säure.

2*

Erdige Mineralwässer.

In die Gruppe der erdigen Mineralquellen sind jene Wässer einzureihen, welche sich durch einen hohen Gehalt an Kalk- und Magnesiasalzen auszeichnen, die absolut und relativ zu den übrigen Bestandtheilen in grosser Menge vorhanden sein müssen. Dabei ist häufig bedeutender Gehalt an Kohlensäure, zuweilen auch an Chlornatrium und Eisen bemerkenswerth. Sie treten als kalte wie als Thermalquellen auf und haben ihre pharmakodynamische Wirksamkeit dem in ihnen gelösten kohlensauren Kalke, zumeist aber noch mehr dem grossen Reichthum an Kohlensäure zu verdanken. Der kohlensaure Kalk wirkt im Magen säuretilgend, auf den Schleimhäuten der Respirations-, Digestions- und Harnorgane secretionsmindernd. Die Untersuchungen über die physiologische Wirksamkeit des kohlensauren Kalkes haben nur spärliche Ergebnisse geliefert, unter denen noch das wichtigste, dass die Kalkzufuhr für die Knochenbildung von Bedeutung ist. Die von v. Noorden festgestellte Thatsache, dass unter Kalkgebrauch eine Verringerung der Phosphorsäureausscheidung, und zwar wesentlich auf Kosten des Mononatriumphosphates, erfolgt, hat *Kisch* beim Gebrauche der erdigen Mineralwässer nicht bestätigen können. Die kalten erdigen Mineralwässer, welche kohlensauren Kalk in grösserer Menge enthalten und reichlich kohlensäurehaltig sind, wirken stark diuretisch und sind leichter verdaulich als die erdigen Thermalquellen und jene erdigen Quellen, welche reich an schwefelsaurem Kalk sind. Man lässt gewöhnlich 2—5 Gläser von 200 Grm. dieser Wässer täglich trinken.

Als Indicationen für den innerlichen Gebrauch der erdigen Quellen gelten: Chronische Bronchialkatarrhe mit starker Secretion, käsigpneumonische Processe, chronische Katarrhe der Harnorgane mit Neigung zur Concrementbildung in Nieren und Blase, chronische Gonorrhoe, ferner allgemeine Störungen der Blutmischung und Knochenbildung: Scrophulose, Arthritis, Rhachitis und Osteomalacie.

Zu Trinkcuren werden von erdigen Quellen vorzugsweise benützt:

	Schwefel-saurer Kalk	Kohlen-saurer Kalk
	Gramm in 1 Liter Wasser	
Bath in England, Kings Spring, 55° C., mit	1·5	—
Contrexéville in Frankreich, Pavillonquelle mit	1·1	0·45
Driburg in Westphalen, Hauptquelle mit	1·04	1·44
Inselbad in Westphalen, Ottilienquelle mit	—	0·30
Lippspringe in Westphalen, Arminiusquelle, 21° C., mit	0·82	0·41
Lenk in der Schweiz, Balmquelle, mit	1·67	0·27
Marienbad in Böhmen, Rudolfsquelle mit		1·69
Szkleno in Galizien, 37 C., mit	1·80	—
Weissenburg in der Schweiz, 26° C., mit	0·95	0·03
Wildungen im Fürstenthum Waldeck, Helenenquelle mit	—	1·26

Von diesen Quellen haben Wildungen und die Rudolfsquelle in Marienbad, beide sehr reich an Kohlensäure, die Rudolfsquelle Marienbads reicher an kohlensaurem Kalk, den grössten Ruf als Heilmittel bei chronischer Nierenentzündung, Blasenkatarrhen, harnsauren Concrementen, während die lauen Quellen von Lippspringe und Inselbad besonders bei chronischen Katarrhen des Larynx, der Bronchien gerühmt werden. In den letztgenannten beiden Curorten finden bei diesen Erkrankungen der Respirationsorgane auch Inhalationen der den Quellen entströmenden Gase statt. Die reizmildernde Wirkung dieser Inhalationen wird durch die Saturation der Luft mit Wassergas, sowie durch Verminderung des Sauerstoffes infolge dessen Verdrängung durch Stickstoff begründet.

Versendete und künstliche Mineralwässer.

Sämmtliche zum Trinkgebrauche benützten Mineralwässer werden, wie bereits erwähnt, entweder an Ort und Stelle oder in versendetem Zustande häuslich benützt. Manche dieser Mineralwässer, z. B. die Bitterwässer, erleiden in ihrer chemischen Zusammensetzung beim Versandte keine Veränderung, auch wenn sie noch so primitiv in die Gefässe gefüllt werden, bei vielen anderen kann nur durch eine minutiös sorgfältige Füllung eine Zersetzung verhütet werden. Die Säuerlinge, die Eisenwässer und Schwefelwässer werden infolge der Versendung zumeist verändert und es ist keines derselben im versendeten Zustande dem an der Quelle selbst unmittelbar geschöpften und getrunkenen Wasser vollkommen gleich und ebenso wirksam.

Die gasförmigen Bestandtheile der Mineralwässer, die Kohlensäure und der Schwefelwasserstoff gehen durch den nie ganz luftdichten Verschluss der Gefässe wenigstens theilweise infolge von Diffusion verloren, atmosphärische Luft tritt ein und bringt Zersetzung hervor. Bei den versendeten Eisenwässern bleibt beim Entweichen der Kohlensäure das einfache kohlensaure Eisenoxydul nicht mehr gelöst. Der Sauerstoff der atmosphärischen Luft wirkt oxydirend ein, es bildet sich Eisenoxydhydrat, welches Niederschläge darstellt, die anfangs dunkelbraun sind und später immer lichter weiss werden. Das Eisenoxydul, das in den Mineralwässern enthalten ist, hat übrigens eine solche Verwandtschaft zum Sauerstoffe, dass es selbst seinem eigenen Hydratwasser denselben entzieht und sich in Eisenoxyd verwandelt, daher geht auch bei der sorgfältigsten Füllung ein Theil des Eisengehaltes verloren. Wenn in dem Eisenwasser zugleich schwefelsaure Salze enthalten sind, so erfolgt bei Berührung mit organischen Substanzen, z. B. Theilen des Korkstöpsels, gleichfalls Ausscheidung des kohlensauren Eisenoxyduls, und zwar als Schwefelkies. Bei den versendeten Schwefelwässern tritt durch Luftzutritt leicht eine Zersetzung des in ihnen enthaltenen Kohlenoxysulfids in Schwefelwasserstoff und Kohlensäure ein. Das versandte Schwefelwasser wird daher diese beiden Bestandtheile enthalten. Es ist aber ein grosser Unterschied in der Wirkung, ob nur der Schwefelwasserstoff oder in der Verbindung mit dem Kohlenoxyd dem Organismus einverleibt und erst innerhalb desselben abgespalten wird, weil in statu nascendi eine viel stärkere Einwirkung auf das Hämoglobin des Blutes eintritt.

Eine zweckmässige Füllung der Mineralwässer bewirkt, dass alle diese Veränderungen nur sehr langsam von statten gehen und die Wässer daher verhältnissmässig lange ihren Werth behalten. Aufgabe einer zweckentsprechenden Füllung ist vor Allem die Entfernung der atmosphärischen Luft aus dem Flaschenraume und dann ein guter luftdichter Verschluss des Gefässes, in welchem das Wasser zur Versendung gelangt. Es ist ferner darauf zu sehen, dass die Mineralwässer so bakterienfrei oder -arm, wie sie an der Quelle entspringen, auch bei der Versendung bleiben, und dazu ist nöthig, dass die zur Benützung gelangenden

Flaschen vor der Füllung ausgekocht oder mit Dampf behandelt werden, in umgekehrter Stellung an einem staubfreien Orte abkühlen, dann gleich gefüllt und mit ausgekochten Korken verschlossen werden. Je sorgfältiger die Füllung der natürlichen Mineralwässer geschieht, je dauerhafter sie sich daher bei der durch die gesteigerten Communicationsverhältnisse erleichterten Versendung halten, umso weniger nothwendig wird es, die fabriksmässig hergestellten künstlichen Mineralwässer anzuwenden, welche trotz aller Fortschritte der chemischen Fabrik nur Surrogate minderer Qualität bleiben als die natürlichen Mineralwässer. Denn die Herstellung künstlicher Mineralwässer, welche den natürlichen vollständig äquivalent sind, ist bisher unmöglich, schon aus dem einfachen Grunde, weil wir die intimste Zusammensetzung der natürlichen Heilquellen noch gar nicht kennen und weil daher die merkwürdige Art der in denselben vorkommenden Lösungen nicht naturgenau nachgeahmt werden kann. Der menschliche Geschmack, ein feines Unterscheidungszeichen, und das elektrische Leitungsvermögen finden die bestehenden Differenzen eines natürlichen und noch so gut dargestellten künstlichen Selterswassers gleich heraus.

Indess lässt sich nicht leugnen, dass künstliche Mineralwässer ein sehr willkommenes und schätzenswerthes Ersatzmittel für die natürlichen Heilquellen sind, wenn diese selbst aus irgend welchen Gründen nicht zugänglich sind, und dass jene auch einen Werth nach der Richtung haben, dass Compositionen hergestellt werden können, in denen irgend ein besonders betonter Bestandtheil in grösserer Menge als in den natürlichen Quellen prävaliren soll. Die Arzneiform der kohlensauren Getränke ist eine sowohl der Annehmlichkeit als der Wirksamkeit nach so vorzügliche, dass man dermassen kohlensaures Alaunwasser, Ammoniakwasser, Lithionwasser, Eisenwasser, Jodsodawasser, Magnesiawasser, pyrophosphorsaures Eisenwasser u. s. w. künstlich herstellt. Aber gewisse Anforderungen müssen an alle künstlichen Mineralwässer gestellt werden, nämlich dass zur Herstellung derselben nur destillirtes Wasser verwendet, ferner, dass für besondere Reinheit der Kohlensäure gesorgt werde; weiters, dass die dem Wasser zuzusetzenden Salze chemisch rein seien und dass bei Nachahmung der natürlichen Heilquellen nicht irgend einer der gewichtsanalytisch bestimmten Bestandtheile als angeblich unwesentlich fortgelassen werde. Die Herstellung künstlicher Mineralwässer sollte nur geprüften Chemikern und Pharmaceuten und ihr Verkauf nur unter der Bedingung gestattet sein, dass das künstliche Erzeugniss in auffälliger Weise als solches im Gegensatze zu den natürlichen Mineralwässern gekennzeichnet werde.

Badecuren mit Mineralwässern.

Alle Mineralwässer, mit Ausnahme der Gruppe der Bitterwässer, werden in ihrer äusseren Anwendung zu Badecuren gebraucht, deren Wirksamkeit sich nach der Temperatur der zur Anwendung kommenden Quelle, nach den in dem Wasser enthaltenen fixen und flüchtigen Bestandtheilen, sowie endlich nach der Form der Applicationsweise modificirt, wobei das thermische, chemische, mechanische und vielleicht auch elektrische Moment der Beeinflussung zur Geltung gelangt. Je nach der Beschaffenheit des Mineralwassers, das zu Bädern verwendet wird, unterscheide ich folgende Arten von Mineralbädern: Akratothermalbäder. Säuerlingsbäder. alkalische Thermalbäder. Kochsalzbäder, Soolbäder, Schwefelbäder. Stahlbäder, Vitriolbäder. Kalkthermalbäder. dann trockene Gasbäder mit kohlensaurem Gase und Schwefelwasserstoff. Mineralwasserdampfbäder und die fest-flüssigen Mineralmoor- und Schlammbäder.

Auch hier haben wir, wie bei den Trinkcuren, vorerst ein allen Mineralbädern gemeinsames Moment zu betrachten, das ist die äussere Anwendung des Wassers in seinen verschiedenen Wärmegraden, verschiedenen Formen und verschiedener Dauer.

Der thermische Effect ist die wichtigste Fundamentalwirkung des Bades und die Temperatur des Badewassers das eingreifendste Moment seiner Wirksamkeit. Durch die Badtemperatur wird die wärmeregulirende Thätigkeit des Hautorganes beeinflusst. die Wärmeabgabe gesteigert oder beschränkt, die Wärmeproduction des Körpers vermehrt oder vermindert, ein mächtiger Reiz auf die peripherischen Nervenzellen geübt, der durch Fortleitung oder Reflex die gesammten Innervationsvorgänge beeinflusst und endlich die Oxydation der Gewebselemente und den ganzen Stoffwechsel wesentlich verändert.

Von der Ansicht ausgehend. dass darum die normale Körpertemperatur von 35—37° C. der wichtigste Massstab für Beurtheilung des thermischen Effectes der Bäder ist, habe ich diese, statt wie früher üblich, nach den Temperaturscalen kühl. lau. warm. heiss u. s. w. zu bezeichnen, in drei Gruppen getheilt, nämlich: indifferent warme Bäder 34 bis 35° C., wärmeentziehende Bäder unter 34° C., wärmesteigernde Bäder über 35° C. Der Grundgedanke ist dabei, dass Bäder, welche in ihrer Temperatur nicht wesentlich von der normalen Körpertemperatur abweichen, nahezu als neutral. indifferent, weder Wärmeentziehung, noch Wärmezufuhr bewirkend bezeichnet werden können, während die Bäder, deren Temperatur bedeutend unter jener der normalen Körperwärme bleibt, als wärmeentziehend betrachtet werden müssen und wiederum Bäder mit einer höheren Temperatur als der mittleren Körperwärme den Namen von wärmesteigernden Bädern rechtfertigen.

Indifferent warme Bäder mit einem der Körpertemperatur nahekommenden Wärmegrade, bei nicht zu langer Dauer. etwa 15—25 Minuten. und in der Weise angewendet, dass die Badetemperatur durch beständigen Zufluss geeignet regulirten Wassers auf gleichem Grade erhalten wird, sind conservirende Bäder, welche. ohne die regulatorischen Apparate der Wärmeproduction zu vermehrter Thätigkeit anzuregen. den Körper vor Wärmeabgabe schützen. Ihre Temperaturwirkung beschränkt sich blos auf das peripherische Nervensystem und in einem so geringen Grade. dass eine Fortpflanzung dieser Primärwirkung auf das Centralnervensystem und von da aus auf Circulations- und Respirationsorgane nicht zu bemerken ist. Es bleibt in solchem Bade nicht nur die Körpertemperatur des Badenden constant die normale, sondern es betragen auch die an das Badewasser abgegebenen Wärmemengen ebenso viel als in der gleichen Zeit beim gewöhnlichen Aufenthalte in der Luft. Der thermische Effect eines solchen Bades ist gleich Null. Herzaction. Puls, Blutdruck und Respiration bleiben in diesem thermisch indifferenten Bade unverändert.

Die Temperaturgrenze des indifferent warmen Bades ist je nach der Individualität eine verschiedene. lässt sich aber für die meisten Menschen mit 34 35⁰ C. angeben, da nach *Liebermeister's* Versuchen in einem solchgradigen Bade der Wärmeverlust eines gesunden Menschen ungefähr dem normalen mittleren Wärmeverluste entspricht. Von der Individualität ist es abhängig, ob schon geringe oder erst grössere Differenzen der Badetemperatur zur Empfindung und zum Ausdrucke gelangen. Anämische oder durch höhere Aussentemperaturen verweichlichte Individuen verhalten sich hierin natürlich anders als blutreiche oder gegen Kälte abgehärtete Personen. Die indifferente Wirkung der Badetemperatur ist ferner abhängig von der Ruhe oder Bewegung des Badenden, wie des zum Bade verwendeten Wassers, sowie von der Temperatur des Baderaumes. Allerdings ist die Indifferenz des Bades keine mathematisch absolute, denn es ist begreiflich, dass die längere Berührung des ganzen Hautorganes mit dem 34—35⁰ C. temperirten Wasser doch eine verschiedene Wirkung übt, als die Umgebung mit der gewöhnlich 16—18⁰ C. im Mittel warmen Aussenluft oder für bedeckte Theile etwa 25⁰ C. betragenden Aussentemperatur; doch gibt sich diese differente Wirkung nur nach lang dauernden und durch lange Zeit fortgesetzten indifferent warmen Bädern in einer für Nerven und Blut merklichen Weise kund.

Diese Bäder haben einen die Hautfunction fördernden, dabei aber durch Quellung der peripheren sensiblen Nervenendigungen auf diese beruhigend einwirkenden Effect. Die gleichmässig und an Intensität schwach auf die Hautnerven wirkenden thermischen Reize bringen eine auf das ganze Nervensystem sich erstreckende Beruhigungswirkung, eine Herabsetzung vorhandener erhöhter Reizbarkeit und Reflexthätigkeit hervor, wozu noch die von *Schüller* nachgewiesene, in einem solchen Bade hervorgerufene künstliche Ischämie der Nervencentren kommt.

Die indifferent warmen Bäder spielen darum in der Diätetik eine wichtige Rolle, um die Gesammternährung des Körpers zu erleichtern, sie sind besonders angezeigt bei älteren und herabgekommenen Individuen, deren Kräfte conservirt und bei denen die Lebensprocesse mit möglichster Schonung von statten gehen sollen: sie finden ferner ihre Indication bei verschiedenen Formen von Hyperästhesien und Erregungszuständen des Nervensystems.

Die wärmesteigernden Bäder von einer Temperatur über 35⁰ C. erhöhen, in entsprechender Weise mit der Steigerung ihres Temperaturgrades, die Körpertemperatur sowohl durch Behinderung der Wärmeabgabe von Seite des Körpers als durch Zufuhr von Wärme. Schon in einem Bade, dessen Temperatur constant gleich der der geschlossenen Achselhöhlentemperatur gehalten wurde, beträgt die Zunahme dieser letzten Temperatur von 37·5 auf 38·8⁰ C. (*Liebermeister*), in Bädern von 40 bis 44⁰ C. constatirte *Mosler* eine Temperatursteigerung in der Mundhöhle auf 38·6⁰ C., und *Bach* fand im Bade von 46⁰ C. ein Ansteigen der Körperwärme nach 6 Minuten auf 40·7⁰ C. Die Erhöhung der Körpertemperatur findet also in um so bedeutenderem Masse statt, je höher die Temperatur des warmen Bades ist. Nach 1 bis 2 Stunden nach dem heissen Bade ist die Körpertemperatur wieder zur Norm zurückgekehrt. Eine höhere Wärme des Wasserbades als 50⁰ C. scheint der menschliche Organismus nicht ohne Schädigung seiner Functionen zu vertragen.

Beim Einsteigen in das wärmesteigernde Bad erfolgt nach kurzer Zusammenzichung der Hautgefässe eine Erschlaffung derselben mit vermehrter Röthe und Turgescenz der Haut, sowie Anregung der Hautsecretion, Steigerung der Wasserverdunstung von der Haut aus. Diese Bäder wirken ferner auf die Hautsensibilität verändernd ein, indem sie den Ort- und Drucksinn, das Rauhigkeitsgefühl, die Schmerzempfindung und elektrocutane Sensibilität verfeinern, den Temperatursinn. den Muskelsinn und die elektrische Muskelerregbarkeit abstumpfen. Durch die vermehrte Blutanhäufung in der Haut wird eine verminderte Blutmenge in den inneren Organen gegenüber dem Blutreichthume der peripherischen Gefässe zurückbleiben. Diese Gefässerschlaffung dauert noch längere Zeit nach dem Bade an. Die rothen Blutkörperchen nehmen an Zahl ab. Der Einfluss auf die Blutcirculation gibt sich auch durch Steigerung der Pulsfrequenz kund, welche parallel mit der Erhöhung der Körpertemperatur geht und im Bade von 38—39° C. und 10—15 Minuten Dauer etwa 12 bis 14 Schläge in der Minute beträgt. dabei wird der Puls voller und grösser. Sphygmographisch hat *Kisch* in dem 20 Minuten dauernden Wasserbade von 39° C. nachgewiesen, dass die Pulscurve durch den hohen und steilen aufsteigenden Curvenschenkel durch ein Grösserwerden und Tieferrücken der Rückstosselevation und überhaupt durch Annäherung der ganzen Pulsform an den Dikrotismus ausgezeichnet ist; der Blutdruck ist vermindert, die Athemfrequenz ist im wärmesteigernden Bade vermehrt. Mit der vermehrten Körperwärme und Athmungsfrequenz geht eine vermehrte Kohlensäureausscheidung und Sauerstoffaufnahme einher, die sich parallel mit den höheren Wärmegraden des Badewassers steigert. Die Harnausscheidung ist nach wärmesteigernden Bädern vermehrt, bei sehr heissen Bädern aber, welche die Schweissabsonderung wesentlich steigern, vermindert. Nach neueren Untersuchungen findet die früher angenommene Steigerung des Eiweisszerfalles im heissen Bade nicht statt, die Harnbestandtheile werden nicht wesentlich verändert.

Die Wirkung der wärmesteigernden Bäder lässt sich also im Allgemeinen therapeutisch verwerthen, um durch Steigerung des Blutreichthumes und des Turgors der Haut die cutane Perspiration zu steigern, durch Einleitung von Hyperämie in den peripherischen Gebilden die Blutüberfüllung innerer Organe zu entlasten, durch veränderte Blutvertheilung die Secretionen und feineren Stoffwechselvorgänge zu beeinflussen, die Resorption anzuregen. Die Beeinflussung der Nerven durch die wärmesteigernden Bäder von nicht hohem Grade vermag auf erregte sensible Nerven. sowie auf krankhafte Contractionen willkürlicher und unwillkürlicher Muskeln beruhigend einzuwirken, hingegen bei Bädern von sehr hoher Temperatur eine mächtige thermische Reizung der sensiblen Hautnerven zu üben, welche auf die Nervencentra und reflectorisch auf die motorischen Nerven sich durch Auslösung starker Energiebethätigung kund gibt.

Die wärmeentzichenden Bäder von einer Temperatur unter 34° C. beeinflussen die Körperwärme in der Weise, dass, so lange das Bad nur mässig niedrige Temperatur (bis 20·5° C.) hat und während mässiger Dauer (bis zu 20 Minuten) angewendet wird. die Temperatur im Innern des Körpers im Bade nicht sinkt. sondern erst später ein Zeitraum folgt. wo die Körpertemperatur niedriger ist als vor dem Bade — die primäre Nachwirkung —, auf welche Abkühlung dann eine gering compensirende Steigerung der Körperwärme, die secundäre Nachwirkung, folgt. Wenn jedoch das kalte Bad eine sehr niedrige Temperatur (9 bis 11° C.) hat oder mässig kalt (20–24° C.), aber von längerer Dauer. über 25 Minuten, ist, so tritt ein rasches Sinken der Körpertemperatur ein. Die Grösse des Wärmeverlustes ist dem Temperaturunterschiede proportional. Entsprechend dem Wärmeverluste ist nach *Liebermeister* auch die Wärmeproduction im kalten Bade gesteigert, und zwar um so mehr, je grösser der Wärmeverlust, zuweilen um das Doppelte und Dreifache der Norm.

In dem Badenden wird das Gefühl der Kälte erzeugt, und zwar um so mehr, je tiefer die Badetemperatur unter der Normaltemperatur des Körpers ist. Die Erstwirkung besteht im Frösteln, allgemeinen Schauer. Es entsteht eine anfangs starke, allmälig etwas nachlassende Zusammenziehung der Hautgefässe, worauf nach einiger Zeit Erschlaffung der contrahirten Gefässe folgt, das Blut strömt wieder mehr zur Haut, dieselbe, vorher bleich, röthet sich, und ein angenehmes Gefühl von Wärme verbreitet sich über den ganzen Körper. Je reizbarer ein Individuum, um so stärker ist die Erstwirkung des kalten Bades, je intensiver die Kälte des Bades, um so rascher tritt die Reaction ein. Der primäre thermische Reizeffect des kalten Bades gibt sich durch Beschleunigung der Herzaction kund, die rasch vorübergeht und erst bei länger dauernder Kältewirkung wird nach *Winternitz* die Zahl der Herzcontractionen vermindert, der Puls verlangsamt. Die sphygmische Curve im wärmeentziehenden Bade von 26° C. zeigt nach 5 Minuten Verweilen daselbst nach *Kisch* folgende Veränderungen: der aufsteigende Curvenschenkel ist ganz wesentlich kleiner geworden, die Elasticitätselevationen sind höher hinaufgerückt. der Scheitel der Curve hat sich mehr abgeflacht. die Rückstosselevation ist erheblich kleiner geworden, so dass im Ganzen das Bild intensiv gesteigerter Gefässspannung gegeben ist; 30 Minuten nach dem Bade ist das Pulsbild ungefähr wie vor dem Bade, doch ist die Gefässspannung noch nicht gänzlich verschwunden. Vollbäder, deren Temperatur unter dem Indifferenzpunkte liegt, steigern während ihrer Dauer und Nachwirkung den Blutdruck. Die Blutbeschaffenheit erfährt Veränderungen, indem die Zahl der rothen Blutkörperchen schon kurze Zeit nach den Bädern zunimmt, ebenso der Hämoglobingehalt und das specifische Gewicht des Blutes; die weissen Blutkörperchen vermehren sich gleichfalls. *Rovighi* und *Winternitz* haben auf Kälteeinwirkungen Eintritt der Leukocytose nachgewiesen. Nach *Strasser* erhöhen kalte Bäder die Alkalescenz des Blutes. Die Respirationsfrequenz nimmt in diesen Bädern zu, ebenso die Athemgrösse; zuweilen tritt als Primäreffect eine Verlangsamung und Vertiefung der Athmung ein, worauf erst später eine Beschleunigung und Vertiefung folgt.

Die Stoffwechselveränderungen betreffend, stimmen die Forschungsresultate darin überein, dass die wärmeentziehenden Bäder eine Beschleunigung der Oxydationsvorgänge im Organismus bewirken, vermehrte Kohlensäureausscheidung und Kohlensäureproduction, vermehrte Sauerstoffaufnahme. Die durch die Wärmeentziehung hervorgerufene Vermehrung des Stoffwechsels betrifft nach *Röhrig, Voit, Zuntz* besonders die stickstofffreien Stoffe, den Fettumsatz, während der Eiweisszerfall nicht verändert wird oder nur als secundäre Folge bei nachheriger Erhöhung der Körperwärme gesteigert erscheint. Die Harnmenge ist unmittelbar nach dem wärmeentziehenden Bade oder kurze Zeit nach demselben oft, jedoch nur vorübergehend, gesteigert; doch ist die 24stündige Harnmenge nicht wesentlich beeinflusst, das specifische Gewicht des nach solchem Bade entleerten Harnes ist häufig etwas geringer.

Wesentlich beachtenswerth ist der je nach dem Temperaturgrade des kalten Bades mehr oder minder mächtige Reiz auf die sensiblen Nerven, der sich auf das Centralnervensystem und die motorischen Nerven fortpflanzt. Im Allgemeinen lässt sich die Wirkung des wärmeentziehenden Bades als excitirend bezeichnen, es übt einen erfrischenden Eindruck, erzeugt das Gefühl des Wohlbehagens, regt zu Muskelbewegungen an und fördert die Nahrungsaufnahme. Bei längerer Dauer des kalten Bades wirkt dieses ermüdend und schlafmachend. Es wirkt ferner reflectorisch auf die peristaltischen Bewegungen des Darmes, der Musculatur der Harnblase, der Gallenwege u. s. w. Auch der Tastsinn und Temperatursinn werden durch das kalte Bad beeinflusst, der erstere nach *Stolnikoff* abgestumpft, der Temperatursinn verfeinert.

Im Allgemeinen kann man das wärmeentziehende Bad als ein antifebriles Mittel bezeichnen, welches die Körpertemperatur beträchtlich herabzusetzen vermag, ferner als ein Reizmittel für die sensiblen und reflectorisch für die motorischen Nerven, endlich als ein Mittel, das eine Veränderung in der Blutcirculation nach bestimmten Zielen herbeiführen kann.

Nächst der Temperatur ist als gemeinsames Moment der verschiedenen Bäderarten die Dauer des Bades und die mechanische Potenz der Badeform hervorzuheben.

Bezüglich der Dauer ist bereits die Differenz der Wirkung bei wärmesteigernden und wärmeentziehenden Bädern erwähnt worden, je nachdem dieselben kürzer oder länger zur Anwendung kommen. Im Allgemeinen werden die differenten Bäder in einer Dauer von 15 bis 25 Minuten gebraucht, bei sehr heissen oder sehr kalten Bädern ist diese Dauer eine bedeutend kürzere. Specielle Wirkungen sucht man durch sehr lange dauernde, wie ich sie bezeichne, prolongirte Bäder von indifferent warmer Temperatur zu erzielen. Solche Bäder bringen an der Haut ein Aufquellen der Epidermis, sowie eine Quellung der Hautnervenendigungen hervor, welche nach neueren physiologischen Untersuchungen den beruhigenden Einfluss der Bäder zustande bringt. Durch die stete gleichmässige Einwirkung der gelinden Wärmegrade wird aber auch eine Congestion in den peripherischen Gefässen herbeigeführt, welche eine Ableitung von den Centralorganen bewirkt. Solche prolongirte Bäder können durch viele Stunden genommen werden, ohne eine wesentliche Veränderung des Pulses, der Respiration, der Körperwärme, der Harnausscheidung zu veranlassen. Sie sind darum ein vorzügliches Mittel bei Hyperästhesien und Hyperkinesen, bei Neuralgien, Hypochondrie, Hysterie, psychischen Erregungszuständen, bei Exsudaten der Gelenke, Muskeln und Knochen, bei Scrophulose, Syphilis, bei hartnäckigen Oedemen infolge von Herz- und Nierenkrankheiten, endlich bei acuten und chronischen Hautkrankheiten, bei Verbrennungen und schwer heilenden Geschwüren und Wunden.

Der mechanische Effect kommt bei den Bädern durch die verschiedene Form der Anwendung, durch steten Zu- und Abfluss des Badewassers, wellenförmige Bewegung desselben, sowie durch die ver-

schiedenen Arten von Douchen, Falldouche, Strahldouche, Regendouche,
aufsteigende Douche u. s. w. zustande. Das Wasser wirkt durch seine
Masse anders im Bassinbade und im Vollbade als im Halbbade oder
Partialbade, es wirkt verschieden nach der Stärke seines Falles auf den
Körper und seiner Zertheilung über diesen. Bei einem Vollbade, das in
sehr geräumigen, etwa $1\frac{1}{2}$ Meter tiefen Wannen genommen wird, ist die
Druckzunahme der Wassermassen auf die Körperoberfläche des Badenden
eine den Atmosphärendruck ganz bedeutend übersteigende; nach *Mautner*
beträgt die Druckzunahme schon bei 2 Fuss Höhe des Badewassers
$\frac{1}{1}$ des Atmosphärendruckes. Diese Steigerung des Druckes in den
Capillaren hat aber eine Beschleunigung und Vermehrung der Lymph-
bildung zur Folge, welche die Vorgänge in den Geweben, wie Diffusion,
Secretion und Resorption, wesentlich beeinflussen.

Indifferent warme Vollbäder, in denen das Wasser ohne Bewegung
und der Badende in ruhiger Lage verharrt, also eine und dieselbe Schichte
Wassers während der Badedauer den Körper bedeckt, wirken beruhigend
auf das Nerven- und Gefässsystem ein. Wenn hingegen das Wasser in
derselben Temperatur im Bade in steter Bewegung ist, z. B. bei Wellen-
bädern, und so ein beständiger Wechsel der den Körper zunächst um-
gebenden Schichte Wassers stattfindet, so kommt eine fortwährende
Erneuerung des Reizes zustande und das Bad wirkt excitirend, bringt
Beschleunigung der Herzaction wie der Respiration hervor. Stürzt das
Wasser wiederum in mächtigen Strahlen auf den Körper, wie bei Fall-
douchen, so werden die Gewebe comprimirt, die sensiblen Nerven bringen
den mechanischen Reiz als Gefühl von Stoss, Schlag, Parästhesie zum
Bewusstsein; infolge dieses Reizes strömt das Blut stärker zu den
Organen, die Haut wird geröthet, warm und auch die tiefer liegenden
Organe empfangen mehr Blut. Je nach dem Stärkegrade und der Form
der Douche ist diese Hyperämie des getroffenen Theiles mehr oder
weniger intensiv. Bei einem mächtigen Sturzbade auf den ganzen Körper
wird auch durch Anregung des Widerstandes die ganze Musculatur in
Bewegung gesetzt und so ein grösserer Stoffumsatz herbeigeführt. Ist
hingegen das Wasser sehr fein zertheilt, wie bei der Regendouche, so
ist die Erschütterung des Körpers ungleich geringer, die Reizung der
sensiblen Nerven der Körperperipherie aber wesentlich grösser.

Eine geräumige Badewanne für Vollbad soll bei einer Länge
und Tiefe von $1\frac{1}{2}$ Meter 1 Meter Breite haben. Die Brause oder das
Regenbad bildet einen regenförmig getheilten Wasserstrahl, der von
oben, unten, seitlich oder kreisartig auf den Körper einwirken kann.
Die Strahlendouche stellt einen mehr oder minder starken (von 2
bis 5 Cm. Durchmesser) ungetheilten Strahl dar, der aus einer Höhe
von 1—1·5 Meter herabfällt, um entweder den ganzen Körper oder einzelne Theile desselben zu treffen. Als schottische Douche wird jene
Doucheform bezeichnet, bei welcher abwechselnd ein heisser und kalter
Wasserstrahl den Körper trifft. Als Tropfenbad wird jene Douche bezeichnet, wo ein hoch herabfallender Tropfen stets einen Körpertheil trifft.

Bei den Mineralbädern tritt zu dem allgemeinen thermischen
Reize der Temperatur des Badewassers und zu dem mechanischen Reize
der Badeform noch der von den Bestandtheilen und den physikalischen
Eigenschaften der Mineralwässer herrührende chemische und elektrische Reiz.

Der chemische Hautreiz geht in den Mineralbädern vorzugsweise von den in ihnen enthaltenen Gasen und flüchtigen organischen Substanzen aus, doch sind auch die festen Bestandtheile des Mineralwassers nicht ganz ohne Einfluss. In den Säuerlingsbädern und Eisenbädern wirkt der Hautreiz der Kohlensäure, in den Schwefelbädern der Reiz des Schwefelwasserstoffes, in den Moorbädern jener der Ameisensäure, in den Fichtennadelbädern der Reiz des Terpentingehaltes, in den Soolbädern wie Seebädern die ätzende Wirkung des Kochsalzes und der übrigen Chlorverbindungen auf die Haut. Dieser chemische Hautreiz. welcher durch den Gas- und Salzgehalt der Mineralbäder in mächtiger Weise ausgeübt wird, vermag durch reflectorische Steigerung des Stoffumsatzes beträchtliche Wirkungen auf diesen auszuüben. Physiologische Versuche haben dargethan, dass Hautreize eine erhebliche Kohlensäureausscheidung zur Folge haben, und dass in hautreizenden Bädern die Oxydationsbeschleunigung proportional mit dem chemischen Reize des Salzgehaltes dieser Bäder stieg. Durch den Gas- und Salzgehalt üben ferner die Mineralbäder eine energischere Nachwirkung auf die Erweiterung der Capillargefässe aus als gewöhnliche Wasserbäder und es scheinen die im Badewasser gelösten Gase und Salze reflectorisch das Centrum der Vasomotoren und des Vagus zu erregen und auf Blutdruck und Herzcontraction einzuwirken. Zu den objectiv constatirbaren Wirkungen auf die sensiblen Hautnerven, durch welche sich der Effect der Mineralbäder von dem der gewöhnlichen Wasserbäder unterscheidet. gehören die verschiedenen Empfindungsqualitäten infolge des auf sie von den Gasen und Salzen geübten Reizes, Steigerung der Tastempfindlichkeit. des Temperatursinnes.

Eine seit langer Zeit discutirte Frage ist. ob die gelösten Bestandtheile der Mineralbäder durch Aufnahme in's Blut einen directen Einfluss üben, ob also die unverletzte Haut für die im Badewasser gelösten Bestandtheile absorptionsfähig ist. Aus der Fülle von sich widerstreitenden Untersuchungsresultaten über die Absorption durch die Haut des Badenden ist nur sichergestellt. dass die Gase, wie Kohlensäure *(Kisch, Röhrig)*, Schwefelwasserstoff und die flüchtigen ätherischen Stoffe aus dem Badewasser absorbirt werden, die Epidermis durchdringen, eine gewisse reizende Einwirkung auf die peripherischen Nervenverzweigungen in der Cutis vermitteln und auch in das Blut selbst übergeführt werden können; ferner dass ein Gleiches von der Aufnahme fein zerstäubter, wässeriger, gegen die Haut mit Gewalt geschleuderter Lösungen gilt. Die Absorption anderer im Bade gelöster Stoffe lässt sich nur in einem gewissen geringen Grade annehmen, wenn dafür gesorgt wird, dass das Haupthinderniss der Absorption. die continuirliche Absonderung der Haut beseitigt, das Sebum der Hautfollikel. das Secret der Schweissdrüsen, die Epidermisschuppen, entfernt wird. wie *Kisch* dies durch den Gebrauch eines starken Seifenbades vor dem Mineralbade in Vorschlag gebracht hat. Erhöhte Wärmegrade des Badewassers und starke Friction der Haut des Badenden sind gleichfalls Momente, welche durch stärkere Füllung der Hautcapillargefässe einen innigeren Contact zwischen Blut und der von der Epidermis imbibirten Flüssigkeit bewirken und so die Absorption zu fördern vermögen. Es lässt sich endlich nach den Gesetzen der Endosmose und Exosmose annehmen. dass infolge der Trennung von zwei verschiedenen concentrirten Salzlösungen, nämlich des Mineralwassers und des Blutserums, durch die badende Haut eine ausgleichende Strömung wenngleich nicht zustande kommt, doch mindestens angebahnt wird, und dass infolge dessen die Säfte des Körpers, Blut und Intercellularflüssigkeit energischer in die Richtung zur Peripherie des Körpers dringen, welche daher Sitz einer vermehrten Saftströmung wird. Solchermassen käme den im Bade gelösten Salzen auch abgesehen von ihrer möglichen Absorption eine gewisse Wirkung. „Contactwirkung" *(Lehmann)*, zu welche von der Qualität dieser gelösten Salze abhängen würde.

Der chemische Hautreiz der Mineralbäder gibt sich durch mannigfache Empfindungen vom leichten Prickeln bis zum intensiven Brennen, durch Contraction der glatten Muskeln und in den kleinen Arterien, durch Muskelcontraction in den Hautmuskeln und Haarbälgen, sowie durch Röthung der Haut zu erkennen. Dieser Reiz ist neben dem lange Zeit währenden thermischen Reize zumeist auch der Grund der nach Badecuren häufig auftretenden, früher als kritisch angesehenen Badeausschläge. Hauteruptionen, wie Erytheme, Ekzeme, Furunkel, welche aber nur auf eine zu starke Reizung der Haut und durch dieselbe verursachte atonische oder paralytische Gefässerweiterung schliessen lassen.

Der elektrische Reiz, welchen die Mineralbäder ausüben sollen, ist erst seit Kurzem hervorgehoben worden, seitdem, angeregt durch die Beobachtungen *Scoutetten's,* dargethan worden ist, dass Mineralwässer, mit dem menschlichen Körper in Berührung gebracht, in diesem einen weit stärkeren elektrischen Strom erzeugen als gewöhnliches Badewasser. Es sollen namentlich die an Kohlensäure und Schwefelwasserstoff reichen und durch Thermalität sich auszeichnenden Mineralwässer eine stärkere elektrische Leitungsfähigkeit besitzen. Die Versuche über das elektrische Verhalten der Mineralwässer sind noch zu wenig abgeschlossen, um diesen einen besonderen elektrischen Reiz zuerkennen zu dürfen. Es ist wohl wahrscheinlich, dass die Fähigkeit, Elektricität zu leiten, hauptsächlich sehr verdünnten Lösungen von Salzen, Säuren und Basen zukommt, und dass diese Fähigkeit eine umso höhere ist, je mehr diese Substanzen in der Lösung dissociirt sind.

Die Mineralbäder wirken endlich noch dadurch in einer nicht ganz zu unterschätzenden Weise, dass die aus ihnen verdunsteten und frei werdenden gasförmigen Stoffe durch die Respirationsorgane des Badenden eingeathmet werden und auf diesem Wege in den Blutkreislauf gelangen. Der Verdunstungsprocess des Wassers steigt mit der Temperatur desselben im geometrischen Verhältnisse; mit diesem Wasserdunste gehen nun auch sämmtliche Gase und durch chemische Zusammensetzung gasig veränderter Stoffe in die Atmosphäre des Baderaumes und von hier in die Respirationsorgane über, und der Uebergang in das Blut lässt sich in den Secreten verhältnissmässig rasch nachweisen. Die Inhalation der Kohlensäure, welche solchermassen beim Gebrauche der Säuerlingsbäder stattfindet, des Schwefelwasserstoffes bei den Schwefelbädern, des Stickstoffes bei den Akratothermen und erdigen Thermalbädern, des Sooldunstes bei den Soolbädern, der aromatischen Stoffe bei den Moorbädern, der mit Kochsalz geschwängerten Luft bei den Seebädern sind solche für den Gesammteffect der betreffenden Bäder nicht gleichgiltige Momente.

Akratothermalbäder.

Diese Bäder, auch Wildbäder genannt, werden in dem Wasser der Akratothermen (indifferente Thermen) genommen, jener Mineralwässer, welche sich durch ihre natürliche höhere Wärme auszeichnen, ohne dass sie sonst hervorragende fixe oder gasförmige Bestandtheile in beträchtlicher Menge besitzen. Die Summe der festen Bestandtheile in den Akratothermen, und zwar vorwiegend erdige Salze und Chlornatrium, beträgt höchstens 0·6 in 1 Liter Wasser und von Gasen ist zumeist nur Stickstoff in grösserer Menge vorhanden. Ihr Wärmegrad schwankt von 19⁰ bis 70⁰ C. und habe ich dementsprechend zwei therapeutisch wesentlich differente Gruppen unterschieden: indifferent warme Akratothermen mit einer Temperatur unter 37⁰ C. und wärmesteigernde Akratothermen mit einer Temperatur über 37⁰ C.

Da die Thermalität das Hauptagens dieser Bäder ist, so erscheint es leicht begreiflich, dass man eine Differenzirung des von ihnen ausgeübten thermischen Reizes im Gegensatze zu dem der gewöhnlichen warmen Bäder zu geben versuchte. Dieser Versuch ist bisher nicht geglückt, wobei wir aber ausdrücklich betonen wollen, dass der Nihilismus vollständig ungerechtfertigt ist, welcher die Akratothermen als indifferente „Bäder aus der balneotherapeutischen Pharmakopoe" streichen wollte, weil die chemische Analyse nicht klärenden Aufschluss zu geben vermag. Eine unendlich vielfältige gereifte Erfahrung hat für die unleugbare Bedeutung der Akratothermalbäder das Wort gesprochen.

Früherer Zeit hat man die „specifische Wärme" der Akratothermen hervorgehoben und dem Wasser dieser Quellen eine grössere Wärmecapacität vindiciren wollen. Jüngstens hat man auf diese Behauptung wieder zurückgegriffen, dass das Akratothermalwasser bei der Berührung mit der Luft langsamer erkalte als künstlich erwärmtes gewöhnliches Wasser, — indess ein wissenschaftlicher Beweis hiefür wurde nicht erbracht. Das diesen Bädern gleichfalls zugeschriebene „eigenthümlich" stärkere Lichtbrechungsvermögen findet die einfache Erklärung in der durch Mangel an fixen Bestandtheilen bedingten Reinheit des Wassers. Die von *Renz* aufgestellte Ansicht, dass das Akratothermalwasser, weil es unter so hohem Atmosphärendrucke der Glühhitze des Erdinnern ausgesetzt gewesen, eine andere Lagerung seiner Molecüle und damit andere Wärmeschwingungen annehmen müsse als gewöhnliches künstlich erwärmtes Wasser, widerspricht dem gegenwärtigen Standpunkte der Physik. Auch die Annahme von dem eigenartigen elektrischen Verhalten der Akratothermen ist noch nicht hinlänglich begründet, wenn auch eine grössere Leitungskraft der Elektricität diesen Mineralwässern zuzukommen scheint. Alles in Allem ist die Frage, inwieferne diese Thermen durch ihre Temperatur eigenartig zu wirken vermögen, noch eine offene.

Als das hauptsächlich wirksame Moment ist also die Wärme anzusehen, mit der diese Bäder zur Anwendung gelangen, und hierauf stützen sich in Uebereinstimmung mit der Erfahrung die Indicationen.

Die indifferent warmen Akratothermen erfüllen die Indication, die Production und den Verlust der Wärme gleichmässig zu machen, die Haut milde anzuregen, das Centralnervensystem durch Reflexwirkung von der Haut aus zu beruhigen oder in milder Weise anzuregen, den Stoffwechsel schonend zu fördern. Sie werden darum angewendet: Bei protrahirter Reconvalescenz nach schweren acuten Krankheiten. bei Schwächezuständen infolge allgemeiner Constitutionsanomalien. bei Krankheiten des Nervensystems mit dem Charakter des Erethismus, allgemeiner und localer Hyperästhesie, Schlaflosigkeit. Hyperkinesen, Koliken. Chorea, bei dynamischen Lähmungen durch Erschöpfung nach acuten Krankheiten. bei chronischen Hautkrankheiten mit Hyperästhesie, bei leichteren Formen von chronischem Rheumatismus der Muskeln, rheumatischen Neuralgien. Die Bäder dieser Gruppe werden methodisch meist in längerer Dauer (1 Stunde und darüber) genommen.

Die zweite Gruppe, die wärmesteigernden Akratothermen, sind indicirt, wenn es sich darum handelt, den Blutkreislauf in der Haut und in den der Wärme zugänglichen Theilen intensiv zu beschleunigen, die Hautsecretion zu fördern, auf die Centralorgane des Kreislaufes und des Nervensystems mächtig einzuwirken und durch Anregung der Nervencentra, wie durch gesteigerten Umlauf und Druck des Blutes die Resorption zu fördern. Diese Bäder eignen sich darum für rheumatische und gichtische Exsudate und die dadurch verursachten Bewegungsstörungen, Residuen von Entzündungen im Haut- und Unterhautzellgewebe, sowie nach Peritonitis, Perityphlitis, Puerperalprocessen. Exsudate infolge von traumatischen Insulten, Steifigkeit, Verkürzungen und Contracturen nach Fracturen, Luxationen. Hieb- und Stichwunden, traumatische Periostitis, Caries und Nekrose, weiters peripherische und centrale Lähmungen, sowie Neuralgien mannigfacher Art. Die Bademethode bei diesen Bädern sucht zumeist noch durch mechanische Manipulationen, Anwendung von Douchen, Massage, Frottiren, sowie durch systematisches Nachschwitzen im Bette nach jedem Bade, auf die Förderung der Resorption einzuwirken. In mehreren Badeorten dieser Gruppe sind auch Einrichtungen für Wintercuren getroffen.

Zu den Akratothermalbädern gehören:

	Wassertemperatur in Grad Celsius
Badenweiler in Baden	26·4
Dobelbad iu Steiermark	28·8
Gastein in Salzburg	35—48·4
Johannisbad in Böhmen	29·6
Krapina-Töplitz in Kroatien	41·8—43·1
Landeck in Preussisch-Schlesien	22—29
Liebenzell in Württemberg	23—25
Luxeuil in Frankreich	30—56
Neuhaus in Steiermark	34—35
Pfäfers-Ragaz in der Schweiz	34—38
Plombières in Frankreich	19—70
Römerbad in Steiermark	36·3—38·4
Schlangenbad im Taunus	27·5—32·5
Teplitz-Schönau in Böhmen	28—48
Topuszko in Kroatien	49·5—57·5
Tüffer iu Steiermark	35—39
Warmbrunn in Preussisch-Schlesien	36—42·5
Wildbad in Württemberg	33—37

Unter den genannten Bädern zeichnet sich vor Allem Gastein durch seine Höhenlage aus, 853 Meter ü. M., ihm zunächst Johannisbad, 557 Meter ü. M. Diese Lage macht sie besonders auch für anämische, nervös reizbare Individuen geeignet. Gastein hat darum auch wegen

seiner Eignung bei Marasmus senilis als Bad der Alten besonderen
Ruf. Auch Ragaz ist durch seine schöne Lage und grössere Erhebung
(482 Meter ü. M.), ebenso Schlangenbad für nervös Erschöpfte besonders
geeignet. Als Bad der Verletzten und Invaliden sind speciell die alt-
berühmten Thermen von Teplitz-Schönau und Warmbrunn bekannt.

Säuerlingsbäder.

Als Säuerlingsbäder bezeichne ich die aus kohlensäurereichen
Mineralwässern bereiteten Bäder. Es sind die kalten Säuerlinge. alkalischen, alkalisch-muriatischen und alkalisch-salinischen Quellen, welche
zumeist das Wasser zu diesen Säuerlingsbädern liefern. deren Hauptagens die Kohlensäure ist, während die übrigen Bestandtheile. die
nur geringen Mengen von kohlensaurem und schwefelsaurem Natron
oder Kochsalz, welche in diesen Mineralwässern enthalten sind, äusserlich
angewendet nicht wesentlich in Betracht kommen können und nur
einen wenig ausgiebigen. hautreizenden. epidermisquellenden und fett-
verseifenden Effect üben.

Durch den Reichthum an Kohlensäure üben die Säuerlingsbäder
einen intensiven Reiz auf das Hautorgan aus. Die Haut des Badenden
erscheint unter dem Wasser mit zahllosen Gasperlen bedeckt, nachher
stark geröthet; es gibt sich starkes Prickeln und Wärmegefühl, besonders in der Genitalgegend kund. Der Hautröthe gesellen sich Contractionen der glatten Muskelfasern zu, welche besonders frappant am
Scrotum und an den Brustwarzen zu Tage treten. Die Tastempfindlichkeit der Haut ist bedeutend gesteigert. Der Kohlensäurereiz, welcher auf
die sensiblen Hautnerven geübt wird, pflanzt sich auf die Nervencentra
und durch Irradiation und Reflex auf das gesammte Nervensystem fort,
veranlasst ein allgemeines Gefühl von Wohlbehagen nach solchem Bade.
und steigert alle Ernährungsvorgänge. Das Herz zeigt sich reflectorisch
derart beeinflusst, dass seine Action kraftvoller in ergiebiger Schlag-
folge mit längeren Ruhepausen erfolgt. Es findet endlich eine absolute
Steigerung der Kohlensäurebildung im Körper statt und erscheint die
Ausscheidung von Harnstoff im Verhältniss zur Menge eingeführter
organischer Substanz vermindert. Ein Theil der Wirkung dieser Bäder
ist auch daraus erklärlich, dass die Kohlensäure der Säuerlingsbäder
erwiesenermassen von der unverletzten Haut des Badenden aufgenommen
wird. So zeigt sich die Diurese nach diesen Bädern wesentlich gesteigert,
so kommt es auch zuweilen zur Beeinflussung des Sensoriums, Eingenommenheit des Kopfes, Schwindelempfindung, und zwar, wie ich
hervorheben will, auch dann, wenn alle Cautelen getroffen sind. um
die Einathmung des entströmenden Gases beim Baden zu verhüten.

Wesentlich modificirt wird die Wirkung der Säuerlingsbäder von
der Quantität des in ihnen enthaltenen kohlensauren Gases, sowie von
der Temperatur, mit der das Wasser zur Anwendung kommt. Da die
Kohlensäure ein erhöhtes Wärmegefühl erzeugt, so können Säuerlingsbäder mit einer niedrigeren Temperatur als gewöhnliche Wasserbäder
den Effect eines höheren Wärmegrades hervorbringen.

Die Säuerlingsbäder sind durch ihren Einfluss auf die Innervation.
Circulation und den Gesammtstoffwechsel sehr wirksame Mittel: Bei
Schwächezuständen nach acuten Krankheiten, bei mannigfachen
chronischen Erkrankungen im Gebiete des sensiblen und motorischen

Nervensystems, bei einer Reihe von functionellen Störungen des Herzens, bei Erkrankungen des männlichen und weiblichen Genitale mit dem Charakter der Schwäche.

Säuerlingsbäder sind in allen Curorten, welche kohlensäurereiche Säuerlinge und alkalische Quellen besitzen (s. daselbst), eingerichtet und dienen zur Unterstützung der Trinkcur oder zum selbständigen Badegebrauche. In letzterer Beziehung ist nicht nur der Gehalt des Mineralwassers an Kohlensäure in der Quelle selbst massgebend, sondern der Gehalt des in der Badewanne verwendeten Wassers, weil bei schlechten Badeeinrichtungen auch von den kohlensäurereichsten Quellen das Gas zum grössten Theile unbenützt verloren gehen kann. Ein gewisser Procentgehalt an Kohlensäure ist zur bestimmten Wirkung eines Säuerlingsbades nothwendig, die unterste Grenze dürfte bei 20 Volumprocent liegen. Die Sammlung des Mineralwassers, die Leitung desselben in die Reservoirs und Badewannen muss derart erfolgen, dass der Verlust an Gas möglichst eingeschränkt wird. Es muss vor Allem jede stürmische Bewegung des Mineralwassers, durch welche die Gase frei werden und der Zutritt der atmosphärischen Luft thunlichst verhütet werden. Die Badehäuser und Reservoirs des Mineralwassers sollen im Allgemeinen tiefer liegen als die Abflussöffnungen der Quellen, damit das Wasser durch seine eigene Fallkraft einlaufe und nicht erst emporgepumpt werden müsse.

Bei der Erwärmung des Badewassers muss besondere Sorgfalt darauf verwendet werden, dass möglichst geringer Gasverlust eintrete. Dies geschieht, indem man das kohlensaure Mineralwasser, welches zum Baden bestimmt ist, nicht vorher erwärmt, demselben auch nicht gewöhnliches heisses Wasser zusetzt, sondern indem man die Erwärmung durch heissen Wasserdampf vermittelt. Und zwar in der Weise, dass heisse Dämpfe zwischen den doppelten Boden der metallenen Wannen einströmen (*Schwarz*'sche Methode), oder der heisse, unter starkem Drucke stehende Wasserdampf direct in das Badewasser eingeleitet wird (*Pfriem*'sche Methode).

Bei Anwendung von Säuerlingsbädern muss ferner in den Badezimmern für möglichst rasche Entfernung der sich aus den Bädern entwickelnden Kohlensäure aus der atmosphärischen Luft Sorge getragen werden. Es ist daher jedes Badezimmer gut zu lüften. Der Badende selbst muss die Einwirkung des kohlensauren Gases auf die Respirationsorgane dadurch zu mindern suchen, dass er die über dem Badewasser lagernde Kohlensäureschichte mit Tüchern wegweht, zuweilen sind zu diesem Behufe Deckel auf den Badewannen angebracht. Die Dauer der Säuerlingsbäder beträgt gewöhnlich 15—30 Minuten, die Temperatur derselben 32—36°. Ruhiges Verhalten des Badenden ist empfehlenswerth, weil starke Bewegung das Wasser der Kohlensäure beraubt und diese sich dann leichter über dem Wasserspiegel ablagert.

Sehr gut eingerichtete und an Kohlensäure sehr reiche Säuerlingsbäder befinden sich in Bilin, Elster, Franzensbad, Giesshübel, Gleichenberg, Luhatschowitz, Marienbad, Rohitsch, Teinach u. m. a.

Mehrfach wurden in jüngster Zeit eigene Apparate zur Beimengung von Kohlensäure zu dem gewöhnlichen Badewasser angefertigt und auch flüssige Kohlensäure für Herstellung künstlicher kohlensaurer Bäder benutzt. Doch haben letztere den natürlichen Säuerlingsbädern gegenüber den Nachtheil, dass das kohlensaure Gas rascher aus dem Badewasser entweicht und dadurch keine so intensiv anhaltende Wirkung auf das Hautorgan des Badenden eintritt.

Alkalische Thermalbäder.

Die von den alkalischen und alkalisch-muriatischen Thermen zur Verwendung kommenden Bäder, alkalische Thermalbäder, vereinigen die Thermalität mit dem Gehalte an kohlensauren Alkalien. Dem letzteren Umstande ist balneotherapeutisch kein allzu grosses Gewicht beizulegen. Höhere Concentrationsgrade von Lösungen der kohlensauren Alkalien haben allerdings nicht nur eine stark reizende, sondern sogar ätzende Wirkung auf das Hautorgan, aber die Lösungen, welche die natürlichen alkalischen Thermen bieten, haben höchstens 0·1% Grad der Concentration und bewirken nur eine etwas stärkere Quellung der Epidermis, sie fühlen sich „weich, der Haut schmeichelnd" an. Die alkalischen Thermalbäder werden sich darum mit Beziehung auf das fast ausschliessliche Vorwiegen des thermischen Reizes mit den Akratothermen auf eine Stufe stellen lassen; man könnte eben nur mit Rücksicht auf die Alkalien einen grösseren Einfluss auf chemische Lösung der Hautsecrete und leichtere Durchfeuchtung der äusseren Hautschichte zugeben. Ein Anderes ist es, wenn diese alkalischen Mineralwässer zu Injectionen, z. B. zu Vaginalinjectionen oder Bespülungen benützt werden, hier vermögen sie die saure Beschaffenheit des Secretes zu neutralisiren und auf der Schleimhaut selbst leicht zur Resorption zu gelangen. Eine solche neutralisirende Eigenschaft bezüglich zu sauren Vaginalsecretes kann aber balneotherapeutisch sehr bedeutsam sein, wenn etwa diese saure Qualität als spermatozoentödtend die Ursache weiblicher Sterilität bildet.

Die alkalischen Thermalbäder werden zur Unterstützung der Trinkcur mit den alkalischen und alkalisch-muriatischen Thermalquellen gebraucht und erweisen sich als nützlich bei den chronischen Blasenkatarrhen, Erkrankungen des weiblichen Genitale (chronischem Vaginal- und Uterinalkatarrh), sowie Arthritis. Solche Bäder sind in Ems, Neuenahr, Royat, Vichy. Den kalten Mineralwässern dieser Gruppen kann, wenn sie erwärmt zu Bädern verwendet werden, nicht mehr ein besonderer Charakter von alkalischen Bädern zuerkannt werden, weil in jenen mehr die Reizwirkung der Kohlensäure prävalirt, welche den Säuerlingsbädern gemeinsam ist.

Kochsalz- und Soolbäder.

Diese beiden Bäderarten sind nur in der Stärke ihrer Wirkungsweise verschieden und verdanken die letztere dem Vorwiegen des Chlornatriums und anderer Chlorverbindungen neben Kohlensäurereichthum oder Thermalität der Quellen.

Die Verwerthung der einfachen Kochsalzwässer zu Bädern kommt sowohl bei den kalten, an Kohlensäure reichen, als bei den mit erhöhter Temperatur zu Tage tretenden Quellen in Betracht. Der feste Gehalt dieser Bäder schwankt zwischen 2—3 Grm. bis zu 8—9 Grm. in 1000 Theilen Wasser, wobei die grössere Hälfte bis drei Vierttheile der Summe der festen Bestandtheile auf das Chlornatrium entfällt. Bei dem verhältnissmässig immerhin nur geringen Gehalte solcher Kochsalzbäder an Salzen ist der chemische Reiz, den diese ausüben, nur ein unbedeutender und die physiologische wie balneotherapeutische Wirkung fällt bei den kalten, kohlensäurereichen Quellen dieser Gruppe mit dem Effecte der Säuerlingsbäder, bei den Thermen aber mit dem der Akratothermalbäder zusammen. Von mancher Seite (*L. Lehmann*) wird allerdings auch dem geringeren Salzgehalte der Kochsalzbäder eine grössere Anregung der Secretion der Schweiss- und Talgdrüsen der Haut zugeschrieben; es mache sich auch nach dem Bade eine Adhäsionswirkung insoferne geltend, als kleine Salzquantitäten an der Oberfläche der Haut frei vertheilt haften und einen geringen Grad von Reizung auch nach dem Bade fortsetzen, dessen Einwirkung auf Hautdrüsen und Nerven also continuiren.

Von den Kochsalzthermalbädern haben besonders die von Baden-Baden und Wiesbaden einen bewährten Ruf bei Fällen von chronischem Rheumatismus der Muskeln und Gelenke, bei Arthritis, sowie Neuralgien und Lähmungen.

Anders gestaltet sich die Sachlage bei den Soolbädern, wo infolge der Concentration des Badewassers der chemische Reiz des Salzes ein ursprünglich intensiverer ist. Als Soolen bezeichnet man jene Kochsalzwässer, die so reich an Chlornatrium sind, dass ihr specifisches Gewicht mehr als 1·05 beträgt und sie direct oder nach vorhergegangener Gradirung sudwürdig sind. Sie kommen als natürliche oder erbohrte Quellen, kalt oder als Thermen, arm an Gasen oder reich an Kohlensäure, mehr oder minder reich an festen Bestandtheilen zu Tage. Ein Bad von 1½—2% chlornatriumhaltiger Soole wird als ein schwaches Soolbad, bis zu 6% als ein mittelstarkes bezeichnet und jene Soolquellen, welche einen viel höheren Gehalt an Salzen haben, sind concentrirte Soolen, welche zum Badegebrauche verdünnt werden müssen. Die bekannten mittelstarken Soolbäder haben mehr als 3% Salzgehalt. Schwache Soolbäder können durch Zusatz von Mutterlauge, concentrirter Soole und Mutterlaugensalz verstärkt werden. Mutterlauge ist die beim Einkochen von Soolwässern zurückbleibende Flüssigkeit, welche ausser Chlornatrium die übrigen Chlorverbindungen, hauptsächlich Chlorcalcium und Chlormagnesium, sowie schwefelsaures Kali, Magnesia und Kalk, endlich auch Jod und Brom enthält und einen zwischen 30 und 4% schwankenden Gehalt an festen Bestandtheilen besitzt. Concentrirte Soole wird durch Gradirung gewonnen und Mutterlaugensalz durch weitere Eindickung der Mutterlauge.

In erster Reihe ist bei der pharmakodynamischen Würdigung der Soolbäder der Effect der concentrirten Kochsalzlösung auf die Haut zu berücksichtigen. Der intensive Reiz, welcher hiebei auf die peripherischen Nervenendigungen geübt wird, bekundet sich durch Erhöhung der Tastempfindlichkeit der Haut nach diesen Bädern, durch eine Erweiterung der peripherischen Blutgefässe und durch reflectorische Beeinflussung der Herz- und Respirationsthätigkeit, sowie des Gesammtstoffwechsels. Das durch die Haut imbibirte Kochsalz dringt bis in das Corium, reizt hier direct die Nerven und ruft hiedurch eine Reihe von Veränderungen im Stoffwechsel hervor, welche erst durch neuere physiologische Experimentaluntersuchungen über die intensive Beeinflussung der hautreizenden Stoffe geklärt worden sind. *Röhrig* und *Zuntz* haben für die Soolbäder eine Steigerung der Kohlensäureausgabe des Badenden nachgewiesen und betonen, dass sich die allgemeine Wirkung dieser Bäder vorzüglich auf den Umsatz stickstofffreier Verbindungen erstrecke, sowie dass man diesen Umsatz zu mässigen oder zu steigern vermag, je nachdem das Bad einen geringeren oder einen stärkeren Salzgehalt hat. Wesentlich mit beeinflusst wird die Wirkung der Soolbäder durch in ihnen enthaltene Kohlensäure und den Grad der Wärme, mit welcher sie zur Anwendung kommen.

Die balneotherapeutische Verwerthung der Soolbäder bezieht sich vorzüglich auf die durch diese bewirkte Anregung des Stoffwechsels, wobei mit der vermehrten Kohlensäureausscheidung gesteigerte Sauerstoffzufuhr, vermehrtes Bedürfniss der Nahrungseinnahme einhergeht, was wiederum Erhöhung der Assimilation und Hebung der gesammten Constitution zur Folge hat. Es finden darum die Soolbäder ihre Anzeige: Bei Scrophulose und Rachitis, bei Rheumatismus, Gicht, Exsudaten nach Entzündungen der Unterleibsorgane, besonders des Uterus und seiner Adnexa, bei Neurosen und Lähmungen, chronischen Hautkrankheiten, Periostitis, Caries und Nekrose.

Die Soolthermen unterscheiden sich von den kalten Soolquellen nicht nur durch ihre höhere Temperatur, sondern auch durch den Gehalt an Kohlensäure und dieser Gasreichthum gewährt eine mächtige Steigerung des chemischen, von den Salzen gesetzten Hautreizes, wodurch die Hebung der Energie des Stoffwechsels wesentlich gefördert wird. Man lässt im Allgemeinen Soolbäder in kühlerer Temperatur, 32 bis 36° C., nehmen, in einer Dauer von wenigen Minuten bis zu einer halben Stunde, gewöhnlich nicht jeden Tag, sondern mit Ruhepausen nach mehreren Tagen. Bei den kohlensäurehaltigen Thermalsoolbädern sind balneotechnische Vorrichtungen zur möglichsten Vermeidung jedes Gasverlustes im Badewasser nothwendig, ebenso sollen diese Bäder ruhige, unbewegte Bäder sein, damit nicht durch die Erschütterung des Badewassers das Gas ausgepeitscht und eingeathmet werde, sondern die Einwirkung der Kohlensäure auf die Haut des Badenden ungestört von statten gehen kann. Je reizbarer ein Individuum, desto weniger starke Soolbäder verträgt es. Bei sehr reizbaren Personen reicht schon ein Gehalt des Soolbades von $\frac{1}{2}$ bis 1% hin, um die erregende Wirkung zu bekunden. Sehr starke, concentrirte oder durch Mutterlauge verstärkte Soolbäder eignen sich meist für pastöse, scrophulöse Individuen und massenhafte Exsudate bei geringer Reizbarkeit. Der Vortheil stärkerer Soolen besteht auch darin, dass sie durch ihre grössere Reizwirkung ein Mittel bieten, auch kühlere Badetemperaturen erträglich zu machen. Die Wirkung schwacher Soolen lässt sich durch höhere Temperatur des Bades und durch Verlängerung der Dauer desselben, sowie durch Zusatz von Mutterlauge, welcher aber nur gradatim geschehen darf, mit 3 Liter Zusatz zum Bade beginnend und vorsichtig bis zu 15, 20 und mehr Liter zusetzend, steigern. Zuweilen wird der durch das Bad geübte Hautreiz noch durch Bürsten der Haut, Frottiren, Massiren, mannigfache Formen von Douchen und durch Sooldampfbäder gesteigert.

Vielfach wird mit den Soolbädern die Inhalation der Gradirluft und des Sooldunstes benutzt. Die Luft an den Gradirwerken (es sind Gradirwände eingerichtet, grosse, breite, lange und hohe Dornwände, von denen die Soole herabtropft, um zu verdunsten) unterscheidet sich mehrfach von der gewöhnlichen Luft. Die Salinenatmosphäre ist durch die Verdunstung der Soole kälter, dichter und compacter, enthält somit eine grössere Menge Sauerstoff und ist in ziemlich hohem Grade mit Wassergas gesättigt. Der Kohlensäuregehalt der Luft ist an den Gradirwerken vermindert, indem die Kohlensäure durch den beim Herabträufeln der Soole fortwährend künstlich erzeugten Regen absorbirt wird. Endlich ist infolge der Zerstäubung der Soole der Kochsalzgehalt der Luft ein bedeutender. Der Complex dieser Verhältnisse gibt sich auch in dem Einflusse auf die Respirationsorgane kund. Die Athmung geht in der dichteren, sauerstoffreichen Luft in stärkerer Intensität vor sich, die Athemzüge werden ergiebiger, tiefer und nehmen an Zahl ab; auch die Pulsfrequenz wird geringer. Die Expectoration in den Respirationsorganen wird hingegen lebhafter angeregt und der Husten erleichtert. Sowie die Gradirluft, so wird auch besonders an den Soolthermen der warme Sooldunst zum Inhaliren benutzt. Das Thermalwasser wird zu diesem Zwecke fontaineartig hochgetrieben, verdunstet und stürzt, den Raum mit einem dichten Nebel füllend, in ein tiefstehendes mit Abfluss versehenes Bassin nieder.

Gradirluft und Sooldunst lässt man mit Vortheil bei chronischen Katarrhen des Pharynx, Larynx und der Bronchien, bei chronischem Lungenemphysem und asthmatischen Zuständen inhaliren. Die früher an solche Inhalationen geknüpften Hoffnungen auf günstige Beeinflussung der Lungenphthise haben sich als trügerisch erwiesen. Eine ausserordentlich grosse Zahl von Soolquellen ermöglicht die Auswahl nach localen, klimatischen und sonst massgebenden Verhältnissen. Bekannte Soolbäder sind:

	Grm. Chlornatrium in 1 Liter Wasser
Arnstadt in Thüringen .	224·3
Aussee im Salzkammergut .	244·5
Bassen in Siebenbürgen . .	31·2
Bex in der Schweiz . .	156·6
Ciechocinek in Polen .	334·1
Colberg in Preussen .	43·6
Dürrheim in Baden . .	255·4
Elmen in Preussen	48·9
Frankenhausen in Thüringen .	249·6
Gmunden in Oberösterreich. . .	240·0
Goczalkowitz in Preuss.-Schlesien .	31·5
Hall in Tirol.	255·5
Ischl im Salzkammergut. . . .	236·1
Jaxtfeld in Württemberg . .	245·5
Juliushall im Harz	66·5
Königsdorff-Jastrzemb in Preuss.-Schlesien .	189·6
Kösen in Thüringen	43·4
Köstritz im Reussischen	220·6
Kreuznach in Preussen, einfache Soole	14·1
Pyrmont in Waldeck	32·0
Reichenhall in Bayern . . .	224·3
Rheinfelden in der Schweiz .	311·6
Rosenheim in Bayern . .	226·4
Rothenfelde in Westphalen . .	56·1
Salins de Béarn in Frankreich .	216·6
Salzungen in Thüringen . .	256·6
Sulza in Thüringen .	98·7
Traunstein in Bayern	224·3

Soolthermen:

	Temp. Grad C.	Chlornatrium Grm.	Kohlensäure Ccm.
		in 1 Liter Wasser	
Kissingen in Bayern, Schönbornsprudel . . .	20·1	15·8	1333
Münster am Stein in Preussen. Hauptbrunnen .	31	7·9	—
Nauheim in Hessen, Friedrich Wilhelmsprudel .	35·3	35·3	578
Behme (Beyrhausen) in Westphalen, I. Quelle .	33·5	33·4	1033
Soden am Taunus, Soolsprudel	30·5	17·5	766

Von den genannten Soolbädern zeichnen sich besonders Aussee.
Gmunden, Ischl, Kreuznach, Reichenhall, Soden durch das geschützte milde Klima, Colberg durch eine Vereinigung mit Seeklima aus und haben die erstgenannten auch speciellen Ruf bei scrophulösen Individuen, welche an chronisch-katarrhalischen Erkrankungen der Schleimhäute des Respirationstractes leiden. Die Soolthermalbäder rühmen besondere Erfolge bei Reconvalescenz nach schweren acuten Krankheiten, Spinalirritation, Neurosen, hysterischen Lähmungen und Lähmungen nach traumatischen Insulten. Nauheim nimmt für sich besonders Herzkrankheiten, Klappenfehler und Ernährungsstörungen des Herzmuskels in Anspruch.

An Stelle der natürlichen Soolbäder sind in letzter Zeit vielfach künstlich bereitete empfohlen worden. Sie werden durch Zusatz von Kochsalz oder Soolsalz, Mutterlaugensalz bereitet. Will man solche Bäder in einfacher Weise herstellen, so muss man zu einem Bade von 250—350 Kgrm. Wasserinhalt 7—10 Kgrm. Chlornatrium nehmen, damit es ungefähr einem 3%igen Soolbade entspreche, wobei man allerdings auf die anderen in den Soolen enthaltenen Chlorverbindungen und minimalen Bestandtheile verzichten müsste.

Die „Jodbäder", das heisst Bäder aus den jod- und bromhaltigen Kochsalzwässern, habe ich hier nicht besprochen, weil der geringe Gehalt an Jod und Brom bei der Anwendung von Bädern (im Gegensatze zu den Trinkcuren) wenig differente Bedeutung von der einfacher Kochsalzbäder hat. Die Resorption von Jod- und Bromsalzen kann im günstigsten Falle nur bei längerer Dauer des Bades und bei so starker Lösung in dem Badewasser angenommen werden, wie sie die jodhaltigen Kochsalzwässer auch nicht annähernd zu bieten vermögen. Eher könnte noch dem Zusatze an Jod- und Bromverbindungen reicher Mutterlaugen eine gewisse Wirkung nach dieser Richtung zugestanden werden. Solche an Jod- und Bromverbindungen reiche Mutterlaugen sind:

Haller (in Oberösterreich) Badesalz mit 2·6 Grm. Jodmagnesium und 3·2 Grm. Brommagnesium in 1000 Theilen Wasser.

Kreuznacher Mutterlauge mit 0·01 Grm. Jodnatrium und 6·8 Grm. Bromkalium in 1000 Theilen Wasser.

Reichenhaller Mutterlauge mit 0·01 Grm. Jodnatrium und 6·8 Grm. Bromnatrium in 1000 Theilen Wasser.

Wittekinder Badesalz mit 0·45 Grm. Jodaluminium und 14·7 Grm. Bromiden in 1000 Theilen Wasser.

Seebäder.

Den Kochsalzbädern lassen sich die Seebäder anreihen, welche schwache Lösungen von Chlorverbindungen, Natriumchlorid. Magnesiumchlorid. ferner Magnesiumsulfat und Calciumsulfat darstellen und durch ihre Temperatur zu den wärmeentziehenden Bädern zu zählen sind. Dem thermischen und chemischen Reize der Seebäder gesellt sich aber noch der mechanische Reiz durch den Wellenschlag hinzu und endlich das wichtige Moment des Aufenthaltes im Seeklima. Das Meerwasser enthält im Allgemeinen etwa 3—4% feste Bestandtheile, vorwiegend die genannten Salze auf Jod- und Bromverbindungen, so dass sie als mittelstarke Soolbäder angesehen werden können. Der Salzgehalt der verschiedenen Meere auf hoher See ist allerdings ein ziemlich gleichmässiger, aber an den Küsten, welche ja für den Gebrauch der Seebäder in Betracht kommen, ist der Gehalt an Salzen ein verschiedener, grösser in der Nordsee (28—30 Grm. feste Bestandtheile in 1 Liter Wasser) als in der Ostsee (10—19 Grm.), noch bedeutender im atlantischen Ocean (30—37 Grm.) und am grössten an den Küsten des mittelländischen und adriatischen Meeres (32—41 Grm. in 1 Liter Wasser).

Das Meerwasser unterscheidet sich aber ausser durch seinen Salzgehalt auch noch dadurch von dem gewöhnlichen Süsswasser, dass das Meer ein schlechtes Wärmeleitungsvermögen hat, das nur grosse und länger anhaltende Temperaturdifferenzen dem Meerwasser mittheilt und durch grössere Wärmecapacität, so dass das Meer eine gleichmässige Temperatur hat und in unseren Klimaten noch im Herbste, wenn schon die Lufttemperatur sehr gesunken ist, einen beträchtlichen für den Badegebrauch genügenden Wärmegrad hat. Beachtenswerth ist ferner die starke Bewegung des Meerwassers, der Wellenschlag, welcher von Ebbe und Fluth, von den herrschenden Winden, der Beschaffenheit der Küsten und örtlichen Verhältnissen abhängig ist. Durch kräftigen Wellenschlag zeichnet sich die Nordsee aus gegenüber den ruhigeren Seebädern der Ostsee und des mittelländischen Meeres.

Die Temperatur des Meerwassers beträgt während der für die Seebäder vorzugsweise in Betracht kommenden Sommerzeit in der Nordsee 14·2—18° C., in der Ostsee 13·8—18·9° C., im Mittelmeere 22 bis 23° C., im adriatischen Meere 22—27° C., im atlantischen Ocean 20 bis 23° C. Die Tagesschwankungen sind meist nicht unbedeutend. Das mittelländische Meer erreicht die Badetemperatur von 18° C. zumeist schon im Monate Juni, die Nordsee im Juli und die Ostsee erst im August.

Das Seebad bietet also ein Soolbad von wärmeentziehender Temperatur mit einem starken, die ganze Körperoberfläche treffenden mechanischen Eingriffe (Wellenschlag), welche Reize zusammen einen sehr intensiven, schnell zu den Centralorganen fortgeleiteten Nervenreiz abgeben, eine energische primäre Gefässcontraction und eine kräftige reactive Blutwallung hervorrufen und hiemit einen mächtigen Factor für die Saft- und Stoffbewegung, für directe und reflectirte Umstimmungsactionen abgeben. Die erste Wirkung, welche das kalte Seebad hervorruft, ist das Gefühl von Kälte für den Badenden, mehr oder minder intensiv, je nach dem Temperaturgrade des Wassers: es stellt sich Zittern und Frost ein, der Athem wird schwer, der Herzschlag lebhafter und ein Gefühl der Beängstigung macht sich geltend. Nach einiger Zeit hören diese Erscheinungen auf. Das Blut, welches durch Contraction der Hautgefässe gegen die Centralorgane getrieben war, fliesst wieder nach der Peripherie, der Puls, der früher beschleunigt war, schlägt langsamer, der Athem wird leichter, die peripherische Körpertemperatur, welche anfangs herabgesetzt war, nimmt wieder zu und im ganzen Körper zeigt sich das Gefühl von Behagen und Wohlbefinden: die Veränderungen des Stoffwechsels betreffend, findet man im Seebade infolge der Zurückdrängung des Blutes von der Peripherie nach dem Innern, sowie durch Wärmeentziehung eine Steigerung der Wärmeproduction statt, mit welcher gesteigerte Kohlensäureausscheidung und vermehrte Sauerstoffaufnahme einhergeht. Die Erfahrung zeigt, dass nach Seebädern der Appetit vermehrt ist, die Anbildung gefördert wird und das Körpergewicht zunimmt. Nicht zu unterschätzen ist der Einfluss der Seeluft mit dem hohen Luftdrucke, dem grossen Feuchtigkeitsgehalte, der Intensität der Luftströmungen und dem Salzgehalte der Luft.

Die Seebäder finden ihre Anzeige bei Schwächezuständen, wo es sich um eine lebhaftere Anregung des Stoffwechsels handelt, bei Scrophulose, besonders der torpiden Form derselben, bei geringeren Graden von Oligämie, wenn noch genügende Widerstandskraft vorhanden ist, bei Neurosen verschiedener Art, bei Sexualerkrankungen mit dem Charakter der Atonie, bei nervöser Dyspepsie, Migräne, Hysterie, Hypochondrie. Contraindicirt ist der Gebrauch der Seebäder, wenn Neigung zu inneren Blutungen vorhanden ist, bei Arteriosklerose, bei sehr abgemagerten und hochgradig anämischen Individuen, sowie bei Reconvalescenten nach acuten Krankheiten, bei den letzteren Individuen deshalb, weil durch den Kältereiz auf reflectorischem Wege eine Erhöhung des Fettumsatzes hervorgerufen wird und die Wärmeentziehung erhöhte Ansprüche an die Kohlensäurebildung und Sauerstoffaufnahme stellt. Zuweilen wird in solchen Fällen das Seewasser im erwärmten Zustande als Bad verwendet, welches dann in Eigenschaft und Wirkung einem schwachen, wärmesteigernden Soolbade gleicht und sich für schwächliche, in ihrer Ernährung heruntergekommene Individuen eignet, welche die Seeluft geniessen sollen.

Das Seebad wird im Allgemeinen nur in sehr kurzer Dauer, am besten 2—3 Stunden nach dem Frühstücke, durch einige Minuten genommen und soll sogleich verlassen werden, sobald sich die Zeichen der Reaction, Wohlbehagen und Wärmegefühl, einstellen. Die Zeit für Seebadecuren betreffend, richtet sich diese im Allgemeinen nach dem örtlichen Klima: indess ist jedenfalls die Lufttemperatur einer mässigen Sommerwärme nothwendig, welche auf das Meer lange genug eingewirkt haben muss, um dessen Wasser auf eine stabile Temperatur von 15—19° C. zu erwärmen.

Die Nordsee ist der eigentliche Repräsentant des kräftigen Seebades: sie bietet grossen Salzgehalt, kräftigen Wellenschlag, im Sommer gleichmässige Meerestemperatur und anregende Seeluft. An der Ostsee hat das Wasser schon schwächeren Salzgehalt, der Wellenschlag ist geringer und unbeständig, die Schwankungen der Lufttemperatur, sowie der Contrast zwischen Luftwärme und Temperatur des kühlen Wassers grösser. Die südlichen Seebäder sind wegen der im Sommer zu hohen Wassertemperatur nur im Herbste und vorwiegend für schwache schonungsbedürftige Individuen geeignet.

Die Zahl der Seebäder, welche einen für den Badegebrauch geeigneten flachen, aus feinem Sande und Gerölle bestehenden Strand und gute Badeeinrichtungen besitzen, ist gross. Die bekanntesten sind

An der Nordsee: Blankenberghe. Borkum. Dangast. Helgoland. Norderney. Ostende. Scheveningen. Westerland auf Sylt. Wyk auf Föhr. Zandvoort. An der Ostsee: Colberg, Crantz. Doberan. Dievenow. Düsternbrook, Heringsdorf, Klampeburg. Marienlyst, Misdroy. Putbus. Sassnitz, Swinemünde, Travemünde. Warnemünde. Am atlantischen Ocean: an der englischen Küste: Brighton. Wight. Hastings-Torquai: an der französischen Küste: Boulogne sur mer. Biarritz. Dieppe. Hâvre. Etrétat. Trouville. Am mittelländischen und adriatischen Meere: Abbazia, Cirkvenica, Triest. Venedig. Amalfo. Castellamare. Cannes. Cette, Ischia. Nizza. Marseille.

Den Seebädern schliessen sich die Binnenseebäder. Bäder in Seen. welche rings vom Lande umgeben sind. an. Hier entfallen zwar mehrere der für Bäder in offener See oder am Meeresstrande als charakteristisch hervorgehobenen wirksamen Momente, so der Salzgehalt des Wassers, der Wellenschlag und der Genuss der mit Salzpartikelchen geschwängerten Seeluft. Dennoch sind auch die Binnenseebäder eine wirksame, hautreizende Badeform. vorzugsweise durch die tiefere Temperatur des Wassers und theilweise auch durch die, wenngleich nicht immer mächtige Bewegung desselben; endlich kommt bei ihnen auch der Einfluss eines grösseren Feuchtigkeitsgehaltes der Luft zur Geltung. Es hängt von der Lage des Binnensees und von den klimatischen Verhältnissen der betreffenden Gegend ab. wie stark der Kältereiz und die mechanische Erregung sind, welche von dem Binnenseebade ausgehen. Diese Bäder eignen sich darum im Allgemeinen für reactionskräftige. gut genährte Individuen, welche einer kräftigen Anregung und Belebung bedürfen und zeigen günstige Wirkung bei einer Reihe von Nervenkrankheiten mit dem Charakter der Functionsunfähigkeit, bei Störungen der Blutcirculation und constitutionellen Erkrankungen. Contraindicationen bilden: hochgradige Anämie und Schwäche, sehr gesteigerte Nervenerregbarkeit, Herzkrankheiten. Arteriosklerose, Gravidität der Frauen. Im Allgemeinen werden Binnenseebäder besser von Männern als von Frauen vertragen, bei Kindern bis zum Alter von 7 Jahren sind sie nur mit grosser Vorsicht anzuwenden, ebenso bei Personen im vorgerückten Lebensalter. Wenn die Haut des Badenden im Bade ungewöhnlich stark roth wird, so soll dasselbe gleich verlassen werden und das Individuum darf kein solches Bad mehr nehmen, denn jene intensive Hautröthe deutet auf eine Lähmung der vasomotorischen Nerven. wodurch dann leicht plötzlich eine starke Blutströmung gegen das Gehirn sogar mit letalem Ende zustande kommen kann.

Binnenseebäder sind: Bregenz, Constanz, Lindau, Romanshorn am Bodensee, Feldafing am Starnberger See. Arendsee am Arendsee (Preussen), Gmunden am Traunsee (Oesterreich), Hallstadt am Hallstädter See. Füred und Siófok am Plattensee (Ungarn). Zürich. Herrliberg. Staefa am Züricher See. Fluen, Hergiswyl. Wäggis am Vierwaldstädter See, Zug und Immersee am Zuger See. Eubbühl. Därlingen am Thuner See, Montreux. Territet am Genfer See. Murten am Murtener See. Neuchatel am Neuenburger See. Biel am Bieler See. Bellagio, Cadenabbia am Comer See. Pallanza am Lago maggiore. Gargnano. Gardone di Riviera. Riva am Gardasee.

Schwefelbäder.

Bei den aus Schwefelwässern, besonders den Schwefelthermen, hergestellten Bädern kommt der in ihnen enthaltene Schwefelwasserstoff, welcher mittels der Haut des Badenden absorbirt und durch die Respirationsorgane auch zum Theile inhalirt wird und der Gehalt an Schwefelverbindungen in pharmakodynamischen Betracht. Allein es kann diesen Momenten kein besonderes Gewicht beigelegt werden, denn die geringe Menge von Schwefelwasserstoff, durch die Haut aufgenommen, wird durch den Sauerstoff des Blutes rasch oxydirt und die erregende Wirkung, welche die Schwefelverbindungen auf das peripherische Nervensystem ausüben sollen, ist nicht einwandsfrei experimentell nachgewiesen. — Jüngstens wurde auf die antimykotische Eigenschaft des Schwefelwasserstoffes *(Amsler)* hingewiesen, um die Schwefelbäder bei parasitären Hautkrankheiten zu empfehlen. Auch hat man einen Einfluss dieses Gases auf den Tuberkelbacillus durch Eingiessungen von Schwefelwässern in den Darm zu erzielen versucht, allein ohne jeden Erfolg. Die Wirksamkeit der Schwefelbäder ist indess so ziemlich mit jener der Akratothermalbäder, und zwar, da sie zumeist in hohen Temperaturen angewendet werden, mit dem Effecte der wärmesteigernden Akratothermalbäder auf eine Stufe zu stellen. Wir wissen nur, dass die warmen Schwefelbäder erhöhten Turgor der Haut, vermehrte Ausdünstung und Epidermisabstossung derselben bewirken und ihre sonstige Wirkung mit denen der warmen Bäder überhaupt übereinstimmt. Die Methode, welche in den Schwefelbädern geübt wird, lange Dauer des Bades, Verbindung desselben mit Douchen, trägt wesentlich dazu bei, die auf Steigerung der Hautfunction und Anregung der Resorption gerichtete Wirksamkeit der Schwefelbäder zu erhöhen. Ihre Anzeige finden die Schwefelbäder, und unter diesen sind jedenfalls die Schwefelthermalbäder zu bevorzugen, bei chronischen rheumatischen und arthritischen Affectionen der Muskeln und Gelenke, bei Folgezuständen traumatischer Verletzungen, schweren Formen von Scrophulose und Syphilis, bei Neurosen sensibler und motorischer Art, bei chronischen Exanthemen.

Die Schwefelbäder werden zumeist mit einer Temperatur von 33 bis 36° C. genommen, zuweilen aber bis 42° C. Wo kalte Schwefelwässer zum Baden erwärmt, oder umgekehrt hochgradige Schwefelthermen zu diesem Zwecke abgekühlt werden müssen, sind balneotechnische Einrichtungen nothwendig, dass die Gase und Schwefelverbindungen so wenig als möglich dem Einflusse der Luft ausgesetzt werden. Die Dauer der Schwefelbäder beträgt gewöhnlich eine halbe Stunde, doch sind an einigen Schwefelquellen, wie in Schinznach, Baden in der Schweiz, prolongirte, 3—4 Stunden dauernde Bäder üblich. An manchen Schwefelbädern ist zweimaliges Baden täglich in Uebung. Mit den allgemeinen Bädern in Einzelvollbädern oder in Piscinen (gemeinsamen Bädern) sind zumeist allgemeine und locale Douchen, herabfallende und aufsteigende, sowie schottische (abwechselnd kalt und warm) verbunden. Nach dem Bade wird Ruhe durch 1—2 Stunden, zuweilen längere Bettruhe empfohlen, um die anregende Wirkung auf die Haut durch längere Zeit fortzusetzen. Oft sind mit den Schwefelbädern auch Schwefeldampfbäder, Schwefelschlammbäder in Verbindung.

An anderen, sehr wasserreichen Schwefelquellen sind grosse Schwimm-anstalten zu medicinischen wie gymnastischen Zwecken eingerichtet. Schwefelthermalbäder sind in Aachen 55° C. Temp.. Aix-les-Bains in Savoyen 43·5° C.. Amélie-les-Bains in Frankreich 61° C., Baden bei Wien 36° C.. Baden in der Schweiz 50° C.. Bagnères de Luchon in Frankreich 55° C.. Barèges in Frankreich 44° C., Burtscheid bei Aachen 60° C.. Budapest in Ungarn 27—60° C., Harkány in Ungarn 62° C.. Mehadia in Ungarn 48° C.. Pjätigorsk in Russland 47° C., Pistyán in Ungarn 57—73° C., Saint Sauveur in Frankreich 34° C.. Schinznach in der Schweiz 28—34° C.. Tren-csén-Teplitz in Ungarn 38—40° C.. Warasdin-Töplitz in Croatien 57° C. warm.

Von den genannten Schwefelbädern haben besonders Aachen, Schinznach und Mehadia grossen Ruf bei inveterirten Fällen von Syphilis sowohl bei den zweifelhaften Formen, wo die Diagnose zwischen Syphilis und anderen dyskrasischen Leiden schwankt. oder bei Combination mit Mercurialismus. rheumatischen und gichtischen Leiden. Die günstigen klimatischen Verhältnisse von Baden bei Wien und einigen französischen Pyrenäenbädern. wie Eaux Bonnes. lassen diese Schwefelthermen besonders für Scrophulose bevorzugen. Durch Höhenlage sind namentlich Cauterêts 992 Meter ü. M.. Barèges 1232 Meter ü. M. ausgezeichnet. Saint Sauveur ist das besuchteste Frauenbad Frankreichs.

Stahlbäder.

Als Stahlbäder werden die aus den kohlensauren Eisenwässern bereiteten Bäder bezeichnet. Diese sind demnach Bäder. welche einen festen Gehalt von 0·05—0·3% (nur ausnahmsweise 0·5—0·6%) und ausserdem eine mehr oder minder grosse Menge von Kohlensäure be-sitzen. Da es sehr unwahrscheinlich ist. dass eine Absorption des Eisens von der äusseren Haut aus in einer in Betracht zu kommenden Weise stattfinde. so muss man die Wirkung der Stahlbäder wohl vorzugsweise auf ihren Reichthum an Kohlensäure beruhend annehmen und ich halte es kaum für gerechtfertigt. einen differentiellen Effect der Stahlbäder und kohlensäurereichen Säuerlingsbäder anzuerkennen. Es scheint mir auch die von *Lehmann* den Eisenbädern zugeschriebene Contactwirkung, „durch häufig wiederholte. für eine kurze Zeit angewandte Zusammen-ziehung an der Gesammtoberfläche eine besondere Anregung für die nutritiven Verhältnisse der Oberfläche zu geben, die Zellen der oberen Lagen zu verdichten und räumlich stärker aneinander zu schieben. von der allgemeinen Oberfläche aus auf die übrigen Gewebe in ähnlichem Sinne zu wirken", allzu wenig plausibel. Der energische Reiz der Kohlensäure ermöglicht durch das von dieser hervorgerufene Wärme-gefühl die Anwendung der Stahlbäder in kühlerer. den Stoffwechsel fördernder Form auch für schwache. widerstandslosere Constitutionen — darin liegt ein Hauptmoment der Wirksamkeit der Stahlbäder.

Diese finden ihre Hauptanzeige als Unterstützungsmittel einer Trinkcur mit Stahlwässern: Bei Anämie und Chlorose, bei den mit diesen Blutveränderungen einhergehenden Krankheiten des Nerven-systems. bei Genitalkrankheiten. wie Impotenz des Mannes. Men-struationsanomalien. chronische Metritis. Sterilität. Neigung zum Abortus.

Beim Gebrauche der Stahlbäder sind dieselben balneotechnischen Vorsichtsmassregeln, wie wir sie bei den Säuerlingsbädern angegeben haben, nothwendig, um den Gasgehalt der Quellen möglichst vollständig dem Badewasser zu erhalten. Wesentlich begünstigt sind diesbezüglich die allerdings seltenen, natürlichen Eisenthermalbäder aus den mit höherer Temperatur zu Tage tretenden Eisenwässern: Daruvár in Slavonien, 42—50⁰ C. warm, Sylvanées in Frankreich, 31—36⁰ C.. Szliacs in Ungarn. 25—32⁰ C., Schelesnowodsk in Russland (Kaukasus), 42·5⁰ C.

Die Stahlbäder lässt man mit einer geringeren Temperatur als andere Bäderarten nehmen, zumeist mit einer allmählich herabgehenden Temperatur von 32—25⁰ C., die Dauer des Bades wird mit 10 bis 20 Minuten bemessen und bei Badecuren nicht täglich ein Bad gestattet. Bei sehr blutarmen Frauen, wo die Wärmebildung des Organismus stark heruntergekommen ist, und bei Kindern lässt man die Stahlbäder mit einer Temperatur von 32—36⁰ C. nehmen und ist die Vorsicht zu gebrauchen, die Badewanne zu bedecken, damit die Einathmung der Kohlensäure nicht belästigende Erscheinungen hervorrufe.

Vitriolbäder.

Mit dem Namen der Vitriolbäder bezeichnet man die aus schwefelsauren Eisenwässern hergestellten Bäder. Es ist vorzugsweise die adstringirende und Mikroorganismen vernichtende Eigenschaft des schwefelsauren Eisenoxyduls, welche bei der Anwendung dieser Bäder besonders auf die zugängliche Schleimhaut des weiblichen Genitalschlauches in Betracht kommt, aber auch in seiner Wirkung auf das ganze Hautorgan des Körpers von Bedeutung erscheint. Bei allgemeiner Hautschwäche mit grosser Neigung zum Schwitzen, bei chronischen Exanthemen, bei lange dauernden Vaginalkatarrhen werden die Vitriolbäder ihres Erfolges halber gerühmt.

Solche Bäder sind in den meisten Curorten mit schwefelsauren Eisenwässern eingerichtet, so in Alexisbad, Levico, Mitterbad. Muskau, Parad, Ratzes, Ronnebv.

Kalkthermalbäder.

Den aus den erdigen Thermen bereiteten Bädern, den Kalkthermalbädern, wird ausser ihrer Thermalität noch der Gehalt an Kalksalzen als wirksames Moment zugeschrieben; mit wenig Berechtigung, denn Alles, was von der physiologischen Wirkung der Kalksalze in ihrer äusseren Anwendung bekannt, wenn auch nicht erwiesen ist, besteht in einer „austrocknenden, die Secretion der Haut mindernden⁻ Eigenschaft. Ich glaube, dass eine Differenzirung ihrer Wirkung von jener der wärmesteigernden Akratothermalbäder nicht gut möglich ist. Bei manchen Bädern erdiger Mineralquellen, z. B. bei den Thermen von Leuk, ist die Methode der mehrere, 5—8 Stunden lange dauernden Anwendung ein therapeutisch bedeutsames Agens; solche Bäder wirken dann als prolongirte Thermalbäder als ein mächtiges Mittel, die Hautgebilde durch Imbibition und Aufquellung zu beeinflussen, auf die erregten Nerven beruhigend einzuwirken, bei offenen Wunden und Geschwüren den Heilungsprocess zu fördern, endlich um die Ausscheidungen des Körpers lebhafter anzuregen und zu bethätigen.

So werden als Indicationen für den Gebrauch der Kalkthermalbäder angegeben: Chronische Hautkrankheiten und Geschwüre.
Hyperästhesien und Hyperkinesen. Syphilis und Mercurialismus. alte Exsudate in Muskeln, Gelenken und Knochen. Rheumatismus, Arthritis, Periostitis, Caries.
Kalkthermalbäder sind in Bath in England. 47° C.. Bormio im
Veltlin. 41°C.. Budapest in Ungarn. 43– 50° C.. Leuk in der Schweiz,
51" C.. Lippspringe in Westphalen. 21·2° C., Szkleno in Ungarn,
41–53° C.. Ussat in Frankreich. 39° C., Weissenburg in der
Schweiz. 26° C.

Das den erdigen Thermalquellen entströmende Stickstoffgas
wird in manchen dieser Bäder auch zu Inhalationen benützt. deren
Wirksamkeit namentlich bei Lungenkrankheiten eine bedeutende sein
soll. Indess kann dieses Gas nur eine negative Wirkung haben. Es
wird vom Organismus in keiner Weise verwerthet und der Effect besteht
nur in der Verdünnung der Einathmungsluft. in einer Verminderung des
Sauerstoffgehaltes desselben und in einer dadurch gesetzten Steigerung
des Athmungsbedürfnisses. Wenn sich der Stickstoff aber in zu grosser
Menge an die Stelle des nothwendigen Sauerstoffes setzt, dann bringt
er sogar die schädlichen Wirkungen des ungenügenden Sauerstoffgehaltes
der Luft hervor.

Gasbäder.

Von den Gasen. welche den Mineralwässern entströmen, werden
das kohlensaure Gas und der Schwefelwasserstoff zur äusser-
lichen Anwendung als Gasbäder benützt, und zwar erfolgt dies entweder
kalt oder mit erhöhter Temperatur.

Die Kohlensäure. welche auf die Hautnerven als ein mächtiges
Reizmittel wirkt und durch die unverletzte Haut absorbirt wird. übt
auf die Haut. durch kürzere Zeit angewendet. einen die Hautthätigkeit
anregenden, das periphere Gefässsystem congestionirenden und das
Gemeingefühl steigernden Effect. Bei längerer Dauer dieser Einwirkung
zeigen sich die wohl durch Absorption des kohlensauren Gases hervor-
gerufenen störenden Einwirkungen auf Circulation und Respiration. sowie
auf das Gesammtnervensystem.

Das kohlensaure Gasbad hat nach Versuchen von *Kisch* folgende
Wirkung:

Erregung eines erhöhten subjectiven Wärmegefühles in allen dem
kohlensauren Gase ausgesetzten Körperpartien, ganz besonders an den
Genitalien (sowohl des Mannes wie der Frau). Die Wärmeempfindung
in dem Gasbade von 12° C. entsprach einer Temperatur von ungefähr
45° C. Steigerung der Tastempfindlichkeit der Haut. sowie der Hautsensibilität, Vermehrung der Hautsecretion und Erhöhung der Haut-
turgescenz: bei längerer Anwendung des Gasbades, mehr als drei Viertel-
stunden. wurde die Hautsensibilität herabgesetzt. Herabsetzung der
Pulsfrequenz in der ersten Zeit (bis zu einer halben Stunde) des Gasbades. Steigerung derselben nach Verlauf einer halben Stunde. Mit der
Zunahme der Pulsfrequenz nahm auch die Frequenz der Athemzüge zu.
Die Körpertemperatur zeigte sich während des Gasbades und nach demselben nicht beeinflusst. nur die Abendtemperatur war an den Badetagen höher als an badefreien Tagen. Vermehrung des Harndranges im

Gasbade. Vermehrung der 24stündigen Harnmenge an Badetagen, ohne Steigerung der Menge des ausgeschiedenen Harnstoffes.

In den ursprünglichen primitivsten Einrichtungen bestanden die kohlensauren Gasbäder darin, dass die Kranken auf einige Zeit einzelne Körpertheile den trockenen kohlensauren Gasemanationen in der Nähe von Mineralquellen, den sogenannten Mofetten, aussetzten, wie dies in der Pyrmonter Dunsthöhle der Fall war. Erst später brachte man eigene Vorrichtungen zu Gasbädern, indem die Kohlensäure unmittelbar oberhalb der Mineralquellen oder bei ihrem Entströmen aus dem Boden aufgefangen, durch hölzerne Röhren oder Gummischläuche direct in die Badewannen geleitet oder erst in ein gasometerartiges Reservoir, von hier aus weitergeführt wird. Die Badewannen für solche Gasbäder sind hölzerne Kästen, mit einem Deckel versehen, welcher einen Ausschnitt für den Hals hat, da sich die Badenden so hineinsetzen, dass entweder nur die unteren Partien des Körpers bis zum Unterleibe oder der ganze Körper mit Ausschluss des Kopfes sich im Kasten befinden. Zuweilen sind Gaskammern für mehrere gemeinsam Badende eingerichtet, indem diese auf Stühlen oder Bänken mit durchlöcherten Sitzbrettern sitzen, ohne dass es nöthig ist, den Kopf zu schützen, weil das am Fussboden des Zimmers einströmende kohlensaure Gas vermöge seiner Schwere nur bis zu einer gewissen Höhe steigen kann. Die Kleidung wird mit Ausnahme der Schuhe im Gasbade nicht abgelegt; das Gas dringt durch die Kleider leicht an die Haut.

Die Temperatur des zum Baden verwendeten Gases ist abhängig von der Temperatur der Quelle, welcher es entströmt, und von dem bei der Ansammlung und Weiterleitung erlittenen Wärmeverluste. Heisse Gase kann man, um die Temperatur herabzusetzen, durch Kühlapparate streichen lassen und zum entgegengesetzten Zwecke Erwärmungsapparate anwenden. Das Gas kann auch local, mittels Gummischläuche auf einzelne Körpertheile, wie die Genitalien, angewendet werden. Die Dauer der kohlensauren Gasbäder erstreckt sich gewöhnlich auf 10—20 Minuten. Vorsicht ist nothwendig, um die Einathmung des Gases zu verhüten. Am zweckentsprechendsten ist, dass im Vollbade das Gas dem Badenden nicht höher als bis zur Regio epigastrica reiche. Ruhiges Verhalten des Badenden ist empfehlenswerth, um ein Aufschütteln des Gases zu vermeiden.

Die Indication für die noch immer therapeutisch zu wenig gewürdigten kohlensauren Gasbäder sind: Neuralgien der verschiedensten Art, peripherische Lähmungen, chronischer Muskelrheumatismus, Impotenz der Männer, Menstruatio parca, Amenorrhoe, Dysmenorrhoe, Dyspareunie und dadurch verursachte Sterilität, Schwächezustände der Harnblase und dadurch veranlasste Incontinentia urinae, chronische Hautkrankheiten mit dem Charakter des Torpors. Local werden kohlensaure Gasdouchen benützt bei nervöser Schwerhörigkeit, Katarrhen des äusseren Gehörganges, rheumatischen Ophthalmien. *Kisch* hat die localen kohlensauren Gasbäder bei Carcinomen des Uterus, sowie der äusseren Haut empfohlen.

Kohlensaure Gasbäder sind eingerichtet in Driburg, Franzensbad, Homburg, Marienbad, Meinberg, Nauheim, Pyrmont, Szliacs u. a.

Die Schwefelwasserstoffbäder, ursprünglich auch an den Solfatoren (so in Puzzuoli) direct beim Entströmen des Gases in Anwendung gezogen, sind jetzt an den Schwefelwässern eingerichtet. Da die Schwefelwasserstoffexhalationen zumeist mit Wasserdampf und auch mit Kohlensäure gemengt vorkommen, so werden die Schwefelwasserstoffgasbäder auch meistens als Gasdampfbäder mit erhöhter Temperatur (s. unten) angewendet. Aber auch die trockenen Schwefelwasserstoffbäder gelangen zum Gebrauche und auch bei diesen ist eine Absorption des Gases durch die unverletzte Haut sichergestellt. Als physiologische Wirkung dieser Gasbäder wird besonders der sedative Effect angegeben, eine beruhigende Wirkung auf die Hautnerven, sich fortpflanzend auf das gesammte Nervensystem wie auf das Herz. In letzterer Beziehung findet nach den Versuchen von *Kaufmann* und *Vogel* durch Schwefelwasserstoff in kleineren Dosen eine Beeinflussung der Vagi, sowie der Herzganglien statt. In den Schwefelwasserstoffgasbädern ist Abnahme der Pulsfrequenz, Verlangsamung der Athmung beobachtet worden. Bei diesen Bädern ist auch vorsichtiges Vermeiden der Inhalation von Schwefelwasserstoff in grösseren Mengen nothwendig, weil sonst leicht Abschwächung der Energie der Herzcontractionen, bedeutende Verlangsamung des Pulses, Respirationsstörung, allgemeine Muskelschwäche, Hinfälligkeit und Ohnmacht eintreten kann. Die Wirkung des Schwefelwasserstoffes wird übrigens dadurch modificirt, dass an den Schwefelquellen dieses Gas zumeist mit Kohlensäure, aber auch mit Stickstoff und Kohlenwasserstoff gemischt vorkommt.

Die Anwendung dieser Bäder ist wie die der kohlensauren Gasbäder in hölzernen Wannen, die den ganzen Körper mit Ausnahme des Kopfes umschliessen oder mittels localer Gasdouchen auf einzelne Körpertheile.

Werden die Gasbäder statt in Wannen in Cabinetten genommen, so sind diese gewöhnlich mit amphitheatralisch angebrachten Sitzreihen versehen, auf denen die Badenden bekleidet sitzen, und das Gas auf den Körper einwirken lassen. Je nach Bedarf wird hier der Körper mehr oder weniger tief in die Gasschichte getaucht.

Diese Schwefelwasserstoffgasbäder finden ihre Indicationen bei allgemeiner Hyperästhesie, bei verschiedenen Neuralgien, bei Erregungszuständen der Hautnerven in Verbindung mit chronischen Exanthemen, bei chronischem Muskelrheumatismus, Hysterie.

Schwefelwasserstoffgasbäder sind eingerichtet in Aachen, Baden bei Wien, Langenbrücken, Lavey, Luchon, Nenndorf, Wipfeld.

Um die Quellgase zur Einathmung zu benützen, sind in vielen Badeorten eigene Apparate eingerichtet. Mancher Orten geschieht diese Inhalation unmittelbar in der Umgebung der Quelle, wo dieselbe aus dem Boden heraustritt und es dient so der Quellenschacht zugleich als Inhalationsraum, oder es werden die Gase der Quellen aus den Wasserreservoirs durch eigene Canäle in weite Hallen und Gallerien geleitet, wo sie zur Einathmung gelangen, oder es kommen endlich Gasometer zur Verwendung, in denen erhitzte Mineralquellgase angesammelt aufbewahrt werden.

Zur Herstellung künstlicher kohlensaurer Gasbäder dient ein einfacher Apparat, bestehend aus einer etwa 1 Liter fassenden Flasche, welche vor dem Gebrauche mit Weinsäure (30 Grm.) und Sodabicarbonat, 38 Grm., in groben Stücken beschickt wird. Der Verschluss wird durch eine zinnerne Hülse bewirkt, welche mit einem Siebboden versehen, in ihrem unteren Theile mit linsengrossen Marmorstückchen, in ihrem oberen mit Stückchen Badeschwamm gefüllt ist. Seitlich geht ein kurzes Rohr hervor zum Ansatz eines 1—2 Meter langen Schlauches, der die Canüle trägt. Um den Apparat in Thätigkeit zu setzen, wird der Inhalt der Flasche mit Wasser, 250 Grm.. übergossen und rasch verstopft. Die Gasentwicklung geht dann regelmässig und nicht zu stürmisch durch mehrere Minuten von statten.

Mineralwasserdampfbäder.

Manche Mineralwässer werden zur Bereitung von Dampfbädern benützt, bei denen zu der energischen Einwirkung sehr hoher Temperaturgrade auf den Körper noch das Plus des Reizes hinzutritt. welchen die dem Wasserdampfe beigemengten Gase. besonders Kohlensäure und Schwefelwasserstoff. üben. Als Dampfbad bezeichnet man im Allgemeinen die Einwirkung einer mit Wasserdampf gesättigten oder übersättigten Luft von mindestens 37·5°, steigernd bis 50—56°C. auf den ganzen Körper oder einen Theil desselben. Während in dem ursprünglichen russischen Dampfbade der Dampf durch das Besprengen glühend heisser Steine erzeugt wird, so findet dies zumeist und besonders bei den Mineralwasserdampfbädern mittels eines Dampfkessels statt. Der Dampf dringt in den allgemeinen. für mehrere Personen berechneten Baderaum, wobei Temperatur und Ausbreitung des Dampfes nach Willkür regulirt werden kann, oder er wird in Kastenbädern benützt, wo der Körper nur theilweise von Dampf umgeben ist, während der Kopf ausserhalb des Kastens befindlich ist und dabei also nicht der Wasserdampf, sondern gewöhnliche, mit Dampf nicht überladene Luft eingeathmet wird.

Bei den allgemeinen Dampfbädern befinden sich in dem Baderaume mehrere amphitheatralisch errichtete Bänke. auf denen sich die Badenden lagern, um den Dampf auf sich einwirken zu lassen. Zuweilen wird den Dämpfen durch Beimengung der flüchtigen, terpentinähnlichen Oele der frisch gekochten Kiefernadeln eine stärkere hautreizende Eigenschaft verliehen. Neben den Dampfbädern befinden sich anstossend Räumlichkeiten mit Douchen und Vollbädern von verschiedener Temperatur.

Die eigentliche russische Badestube besteht aus drei Räumen: Dem An- und Auskleidezimmer, dem eigentlichen Badezimmer und der Stube zum Bähen und Reiben. In letzterer befindet sich ein Kachelofen mit einer durch Thüren und Fenster verschliessbaren Nische. in welcher sich glühende Ziegelsteine befinden; will man das Zimmer mit Wasserdampf füllen, so giesst man Wasser auf die Steine. An der einen Wand in der Nähe des Ofens sind gewöhnlich drei übereinander terrassenförmig gelegene Holzbänke angebracht, auf welchen das Bähen und Peitschen des Körpers mit Birkenästen vor sich geht.

Das Dampfbad stellt ein energisches, die Hautthätigkeit mächtig anregendes, die Körpertemperatur steigerndes. das Gefässsystem sehr erregendes und den Stoffwechsel beeinflussendes Bad dar. Die Körpertemperatur wird durchschnittlich bei einem Dampfbade von 41—42° C. um 1¼—1½° C. erhöht, wobei nicht blos die wärmesteigernde Eigenschaft des heissen Wasserdampfes, sondern auch der Verlust der Ausdünstung der Haut und Lunge in Betracht kommt. Der Schweissverlust kann im halbstündigen Dampfbade 500—800 Grm. betragen und durch Bettwärme nach dem Bade auf das Vierfache gesteigert werden. Der

Puls wird erheblich beschleunigt, die Athemfrequenz gesteigert. Der Badende empfindet anfänglich ein unangenehmes Gefühl von Hitze und Brennen, Beklemmung; bald gewöhnt er sich aber an die Einathmung der erwärmten Luft und die Respirationszüge werden häufiger und tiefer. Das Blut tritt leichter zu den inneren Organen, in denen durch die erhöhte Temperatur eine Erweiterung der kleinsten Gefässe eintritt, daher entsteht Druck gegen die Augen, Eingenommenheit des Kopfes, Schwindel.

Die Versuche von *Frey* und *Heiligenthal* haben über die Mineralwasserdampfbäder an den Kochsalzthermen von Baden-Baden mit einer Lufttemperatur von 50° C. und halbstündiger Dauer folgende Resultate ergeben: Steigerung der Feinheit der Empfindung der Haut für Berührung und Temperatur während und besonders nach dem Bade, Hebung des Allgemeinbefindens und Kräftegefühls. Beim Eintritte in das Bad sehr schnell vorübergehende Verengerung der Capillaren der Haut und hiedurch Drucksteigerung im Arteriensystem und mässige Pulsbeschleunigung, bald darauf enorme Erweiterung der Capillaren der Haut, Sinken des Blutdruckes und der Energie der Herzcontractionen, weitere Beschleunigung des Pulses. Während des Bades vermehrter Blutzufluss zur Haut und verminderter zu den inneren Organen, Im Bade Schweissbildung. An den Badetagen Verminderung der Menge und Erhöhung des specifischen Gewichtes des Harnes. Verminderung der Harnstoff- und Harnsäureausscheidung am ersten Tage und Vermehrung dieser Ausscheidung an den nächstfolgenden Tagen.

Man lässt in den Dampfbädern gewöhnlich, um die Hautröthung und damit in Verbindung die Schweissabsonderung zu fördern, andererseits um einen Reiz auf die sensiblen peripherischen Nerven und dadurch auf die Herznerven zu üben, kalte Begiessungen, Frottiren der Haut, Schlagen mit Ruthen, Kneten, Massiren und ähnliche mechanische Manipulationen vornehmen. Ferner darf die Dauer des Bades nicht zu lange ausgedehnt werden.

Die Mineralwasserdampfbäder, bei denen in der von Dampf übersättigten Luft je nach Beschaffenheit der Quelle noch Salzpartikelchen, kohlensaures und Schwefelwasserstoffgas enthalten sind, üben noch eine verstärkte Wirkung auf Hauthyperämie und Hautsecretion aus. Sie sind darum angezeigt bei hartnäckigem chronischen Rheumatismus, bei starken Exsudaten in Muskeln und Gelenken, bei Arthritis, Ischias, bei allgemeinen Stoffwechselerkrankungen, Fettsucht, Syphilis, Mercurialismus, jüngstens auch bei Anämie und Chlorose empfohlen. Contraindicationen gegen den Gebrauch von solchen Dampfbädern geben Herzfehler, Neigung zu innerer Blutung, Arteriosklerose.

An vielen Kochsalzthermen, Schwefelthermen, erdigen Thermen, aber auch an alkalisch-salinischen Quellen sind Mineralwasserdampfbäder eingerichtet. An manchen Orten in Italien, Island, Amerika sind in der Nähe von Vulcanen und Thermalquellen Grotten, welche natürliche Mineralwasserdampfbäder darstellen. Eine der bekanntesten ist die Grotte von Monsumano in Mittelitalien, welche, mit warmen Wasserdämpfen erfüllt, ein Dampfbad von 33·5—35° C. darstellt, in welchem die Luft in 1000 Ccm. 4 Ccm. Wasser in Dunstform und 3·25% Kohlensäure, sowie eine Menge von kohlensaurem Kalk in fein zertheiltem Zustande enthält.

Den Dampfbädern schliessen sich die gleichfalls in vielen Curorten eingerichteten irisch-römischen Bäder an, bei denen trocken
heisse Luft von sehr hohen Wärmegraden zur Anwendung kommt. Die
trockene Luft, die ein schlechter Wärmeleiter ist, und die Abkühlung
der Haut durch das Verdunsten des Schweisses machen hier die hohen
• Temperaturen erträglicher als im Wasserdampfbade, die Blutwärme
wird weniger erhöht, die Steigerung der Pulsfrequenz ist geringer als
im Dampfbade. Das irisch-römische Bad ist darum dem Dampfbade
vorzuziehen, wo man höhere Lufttemperaturen anwenden, dabei aber
weniger heftig eingreifen will als bei Anwendung des Wasserdampfes,
dann wo die Epidermis sehr stark abgestossen werden soll.

Das irisch-römische Bad besteht aus einem Vorraume mit der
gewöhnlichen Zimmertemperatur von 19—20⁰ C. und daran stossenden
Räumen mit einer Temperatur von 35—40⁰ C. (Tepidarium) und von
45—50⁰ C. (Sudatorium). Diese beiden letzteren werden meist durch
Heisswasserheizung, deren Röhren unter dem Fussboden und längs des
unteren Theiles der Wände hinlaufen, gleichförmig erwärmt und zugleich gut ventilirt. In manchen irisch-römischen Bädern gibt es noch
einen weiteren Raum mit einer Temperatur von 65—90⁰ C. (Caldarium).
Der Badende ist nur mit dem Bademantel und den gegen die Hitze
des Fussbodens schützenden Sandalen bekleidet. Gewöhnlich tritt nach
15—20 Minuten Aufenthalt im Tepidarium schon Schweisssecretion ein.

Die therapeutische Verwerthung dieser Heissluftbäder geschieht
vorzugsweise zu dem Zwecke, um die Ausscheidung von Krankheits-
producten oder fremden Stoffen durch die Haut zu fördern, auf Exsudate und krankhafte Ausscheidung resorbirend zu wirken, daher bei
Arthritis, Rheumatismus, Syphilis, Metallvergiftung, Lähmungen verschiedener Art.

Hier sei auch der von französischer Seite empfohlenen Mineral-
wasserstaubbäder gedacht (Bains à l'hydrofère). Mittels einer besonderen Zerstäubungsvorrichtung wird die Haut des Badenden stets mit
einer neuen Schichte fein zertheilten Wassers in Berührung gebracht.
Werden dazu Mineralwässer verwendet, so kommt nebst der Wirkung
des zerstäubten Wassers noch die der im Mineralwasser enthaltenen
gasförmigen und festen Bestandtheile in Betracht, deren letzterer Absorption durch die Haut infolge der Zerstäubung eher ermöglicht ist.
Vor den gewöhnlichen Bädern haben diese Staubbäder den Vorzug, dass
der mechanische Stoss, den die zerstäubte Masse auf die Haut übt,
auf die Nerven derselben mehr beruhigend wirkt, dass die ununter-
brochene Erneuerung des Wasserstrahles auf die Haut die Entfernung
der Secrete von derselben fördert, endlich dass eine leichtere Aufsau-
gung durch die Haut stattfindet.

Mineralmoorbäder.

Die Moorbäder sind, obwohl erst seit verhältnissmässig kurzer
Zeit angewendet, therapeutisch so hoch geschätzt, dass sie zu den am
häufigsten nun gebrauchten gehören und als die wirksamsten gepriesen
werden. Die Folge davon aber ist, dass allenthalben Moorbäder auf-
tauchen, auch dort, wo es überhaupt kein heilkräftiges Moor gibt.
Bewusst oder unbewusst kommt es allzu häufig zu der Täuschung, dass
gewöhnlicher Torf mit einem wirklichen Mineralmoore identificirt wird.

Und doch ist der Unterschied ein gewaltiger, so gross wie die Differenz zwischen gewöhnlichem Trinkwasser und einer wirklichen Heilquelle. Mineralmoor ist aus verwesenden pflanzlichen Bestandtheilen zusammengesetzte Torferde, welche durch eine ausserordentlich lange Zeit hindurch mit Mineralwässern durchtränkt worden, mit diesen in innige Berührung gekommen, infolge dessen eigenthümliche Veränderungen eingegangen ist, welche eben den Torf zu einem Heilmoor veredelten. Dieser Werdegang, welcher sich oft auf Jahrtausende bezieht, hat zuwege gebracht, dass dann in dem Mineralmoor ausser vegetabilischen Stoffen, Humus, Humussäure, Harz, auch Kieselerde und Thonerde, phosphorsaures Eisenoxyd, Schwefeleisen, Chlornatrium, schwefelsaure Salze, sowie freie Schwefelsäure, Kohlensäure und Schwefelwasserstoff enthalten sind.

Der Gehalt der verschiedenen Mineralmoore an festen wie flüchtigen Bestandtheilen wird, wie leicht begreiflich, den mannigfaltigsten Schwankungen unterliegen. Er ist abhängig von der Beschaffenheit der verwesten Pflanzenstoffe, welche die Hauptmasse des Moores bilden, von dem Salzgehalte des Mineralwassers, welches das Moor durchströmte, vor Allem auch von der geringeren oder stärkeren Verwitterung des getrockneten Moores. Wird nämlich das Moor hinreichend lange und in verschiedenen Richtungen von den Einflüssen der atmosphärischen Luft, der Sonne und des Meteorwassers ausgesetzt, so verwittert das Mineralmoor, das heisst, es vollzieht sich allmählich der Process der Oxydation der meisten Bestandtheile desselben. Die wichtigste Folge dieses Verwitterungsprocesses ist, dass aus den im Moore enthaltenen unlöslichen mineralischen und organischen Substanzen lösliche Stoffe werden und sich zahlreiche flüchtige organische Säuren entwickeln. So verwandelt sich das Zweifach-Schwefeleisen mehr oder weniger in lösliches schwefelsaures Eisenoxydul und unter den sich entwickelnden organischen Säuren sind besonders die Ameisensäure und Essigsäure in Bezug auf ihre pharmakodynamische Wirkung von Wichtigkeit.

Die chemische Analyse vermag daher noch weniger als bei den Mineralwässern bei den Mineralmooren ein klares Bild ihrer Zusammensetzung zu geben. Man muss sich bei der Beurtheilung mehr an die grossen Zahlen der wichtigen Bestandtheile als an die minutiösen Ziffern halten. Man nennt ein Mineralmoor, das besonders reich an schwefelsauren Alkalien und Erden ist, ein salinisches, ein solches, das besonders viel schwefelsaures Eisenoxydul enthält, ein Eisenmoor und bezeichnet das an Schwefel und Schwefelwasserstoff reiche Moor als Schwefelmoor. Bei der Verwendung dieser Moore zu Bädern werden concentrirte Lösungen von wirksamen Stoffen hergestellt, unter denen als balneotherapeutisch hervorragend beachtenswerth das schwefelsaure Eisenoxydul, sowie die neutralisirbare Schwefelsäure und die organischen Säuren zu bezeichnen sind; die organischen Substanzen des Moores sind das Vehikel für die stärkeren Agentien, deren Wirkung sie abschwächen und modificiren. Es wurde darum in jüngster Zeit statt der Moorerde das aus ihr selbst bereitete Moorbad zum Gegenstande einer chemischen Prüfung gemacht (*G. Loimann*) und dabei sowohl der Moorbrei als die Lauge des Bades qualitativ und quantitativ untersucht. Es ergaben sich dabei in 100 Theilen des Moorbades 5·85 lösliche feste Bestandtheile im Moorbrei und 5·53 in der Lauge, darunter schwefelsaures Eisenoxydul 1·96 im Moorbrei und 3·25 in der Lauge; neutralisirbare Schwefelsäure 1·59 im Moorbrei und 1·37 in der Lauge; schwefelsaures Natrium 0·18 im Moorbrei und 0·23 in der Lauge; schwefelsaures Calcium 0·42 im Moorbrei. Spuren in der Lauge. Man entnimmt hieraus, dass die Schwefelsäure vom Moore dauernd festgehalten wird, während die schwefelsauren Salze mit Ausnahme des Kalkes in der überwiegend grösseren Menge in die Lauge übergehen.

Die Moorbäder sind in ihren eigenthümlichen Eigenschaften von den bisher geschilderten Mineralbäderarten ganz ausserordentlich verschieden. Bezüglich der Temperatur kommt den Moorbädern eine bei weitem geringere Wärmecapacität als den Wasserbädern zu, daher sie auch in durchschnittlich höheren Temperaturgraden als diese zur Anwendung kommen. In Betracht der physiologischen Wirkung der Temperatur auf den menschlichen Organismus fällt der Indifferenzpunkt bei Moorbädern auf höhere Grade als bei Wasserbädern. Bei den Moorbädern ist ferner der Einfluss wechselnder Badeschichten auf den Körper des Badenden zu beachten, welche Moorschichten rasch erkaltend verschiedene Wärmegrade besitzen. Indem dadurch der Badende behufs Umrühren der Bademasse zu steten Muskelbewegungen genöthigt ist, wird die excitirende Wirkung des Bades noch gesteigert.

Eine wichtige charakteristische physikalische Eigenschaft der Moorbäder ist ferner ihre Consistenz welche je nach der Menge des verwendeten Moores von einer halbflüssigen bis zu einer nahezu vollständig festen Masse schwankt. Diese Consistenz ist ein Moment, welches ich betreffs der Wirkung der Moormasse durch Compression und Friction des Badenden mit dem Vorgange der Massage vergleichen möchte. Diese Compression beschleunigt den Kreislauf in den entzündeten Theilen, indem sie direct das Blut durch Capillargefässe und Venen, den Parenchymsaft und die Ernährungsflüssigkeit durch Saftcanäle und Lymphinterstitien in den Lymphbahnen und Lymphgefässen durchtreibt; sie vermehrt aber auch die vis a tergo des arteriellen Blutstromes durch den abwechselnden Widerstand, der diesem entgegengesetzt wird. Dabei müssen die passiven und activen Bewegungen des in der Moormasse Badenden gleichfalls als die Blutcirculation beeinflussende Factoren veranschlagt werden.

Machtvoll ist der chemische Reiz, welcher durch die Moorbäder auf das Hautorgan geübt wird, indem die in ihnen enthaltene Schwefelsäuren, Schwefelwasserstoffgas, Kohlensäure und flüchtige organische Säuren als kräftige Stimulantia auf die sensiblen und vasomotorischen Nerven wirken. Dabei lässt sich auch eine Absorption der festen Moorbestandtheile durch die unverletzte Haut eher annehmen, als dies bezüglich der Bestandtheile eines Mineralwasserbades möglich ist. Es erscheint nämlich wohl zu begründen, dass durch den von der dichten Moormasse ausgeübten Druck, durch die Friction kleine Mengen von Salzsolutionen oder anderen nicht flüchtigen Substanzen in die Schweiss- und Talgdrüsen hineingerieben werden können und dass dort das lockere Epithelium eine Resorption zulasse. Sichergestellt ist, dass die Gase und flüchtigen Säuren des Moores absorbirt werden und gerade den letzteren wird im Hinblick auf die Erfahrungsthatsache, dass solche Substanzen, z. B. Kampfer, ätherische Oele, schon in geringen Mengen im Blute und auf die Nerven auffallende Wirkungen erzielen, eine grössere Bedeutung zugeschrieben.

Endlich ist in jüngster Zeit auch den antimykotischen Eigenschaften des Mineralmoores in Bezug auf Abschätzung der Wirkung des Moorbades eine gewisse Rolle zugetheilt worden. Wie schon theoretisch durch den hohen Gehalt des Eisenmineralmoores an Eisensulfat, Humus, Huminsäure, Quellsäure und Schwefelsäure dem Moore eine fäulnisswidrige Eigenschaft zugeschrieben werden muss, haben auch thatsächlich die Versuche von *Reinl* nachgewiesen, dass, soweit es sich um Spaltpilze handelte, der Zusatz von Moorlauge einer bestimmten Concentration zur Nährgelatine das Wachsthum derselben mitunter vollständig hinderte, dass ferner diese pilzfeindliche Eigenschaft des Moores in erster Linie dem Gehalte desselben an Säure zuzuschreiben ist. Die an Säuren reichsten Moorarten, nämlich die von Marienbad und Franzensbad, vermochten sogar noch bei zweifacher Verdünnung das Wachsthum der Pilze vollständig zu hemmen, während alle anderen Moorarten zwar die Entwicklung der Pilze nicht vollständig hinderten, dieselbe aber auf grössere oder kleinere Perioden verzögerten.

Die physiologischen Versuche von *Kisch* über die Wirkung der Eisenmoorbäder (in Marienbad) von 36—38° C. ergaben folgende wesentliche Ergebnisse:

Das erste Gefühl nach dem Einsteigen in das Moorbad ist das der Erregung. Gefühl von Wärme besonders im Gesichte, Athembeklemmung, zuweilen Herzklopfen. Nach etwa 10 Minuten hat sich das Gefühl der Erregung gelegt, nur das Gesicht ist geröthet, am Scheitel des Kopfes ein Gefühl von Wärme rege. Am Perineum, Scrotum, an der inneren Seite der Oberschenkel verbreitet sich eine lebhafte brennende Empfindung hinauf bis zum Rücken und hinab bis zu den unteren Extremitäten, stellenweise auch mehr oder minder heftiges Jucken. Der erste Effect des Moorbades auf die Pulsfrequenz ist eine Vermehrung derselben um 8—12 Schläge in der Minute, bei längerem Verweilen im Bade geht diese Frequenz herunter. Sphygmisch dargestellt zeigt die Pulscurve, dass, je dichter das Moorbad, umso niedriger die Curve wird und umso weniger die Rückstosselevation hervortritt. Je dichter das Moorbad, umso flacher wird der Curvengipfel, umsomehr nimmt der Puls den Charakter des Pulsus tardus an. Das Moorbad bringt also eine weit erhöhtere Spannung im Blutgefässsystem hervor als das gewöhnliche wärmesteigernde Wasserbad derselben Temperatur. Die Respirationsfrequenz zeigt ebenfalls während des Bades eine Steigerung, intensiver im Beginne des Bades, jedoch anhaltend während der ganzen Dauer des Bades um 4—6 Züge. Je dichter die Moormasse, umso prägnanter diese Erscheinung. Die Körpertemperatur, in der Achselhöhle gemessen, stieg während des halbstündigen Bades um 1·5—3·5° C. Die Morgen- und Abendtemperatur des Körpers war am Badetage etwas grösser (0·5—1·3° C.) als an badefreien Tagen. Die Hauttranspiration war unmittelbar nach dem Bade lebhafter angeregt als gewöhnlich. Die Harnsecretion wurde im Gegensatze zu den Mineralwasserbädern unmittelbar durch das Moorbad nicht angeregt. Die 24stündige Harnausscheidung war an den Badetagen nicht grösser als an den Tagen, an denen ein kohlensäurehaltiges Wasserbad oder ein gewöhnliches Wasserbad genommen wurde. Die Ausscheidung des Harnstoffes im Harne, sowie die meisten festen Harnbestandtheile wurden durch das Moorbad vermehrt, die Ausscheidung der phosphorsauren Salze vermindert. Die mächtige Einwirkung auf das Blutgefäss- und Nervensystem gibt sich bei Vollblütigen zuweilen durch Erscheinungen von Gehirnhyperämie kund, bei hochgradig Anämischen durch Schwindelanfälle, zuweilen trat Nasenbluten auf. Die menstruale Ausscheidung zeigte sich, wenn die Bäder um die Zeit des Menstruationseintrittes genommen wurden, intensiv vermehrt.

Die Moorbäder gehören zu den energisch chemisch hautreizenden Bädern, durch welche auch höhere thermische Reize ausgeübt werden können und bei denen der mechanische Effect auf die Capillargefässe und hiemit auf die vis a tergo der Blutcirculation ein besonders kräftiger ist. wobei noch ein Effect der Moorbestandtheile durch Hautabsorption in den Bereich der Möglichkeit zu ziehen ist. Sie verdienen darum den Vorzug vor anderen Mineralbädern bei anämischen Individuen mit Darniederliegen der Nerventhätigkeit. ferner wo die Resorption in mächtiger Weise angeregt werden soll. Es ist leicht erklärlich. dass hiebei die an schwefelsaurem Eisenoxydul reichen Moorbäder. die Eisenmoorbäder, den ersten Rang haben. Sie sind darum indicirt bei verschiedenen Neuralgien, besonders rheumatischen und arthritischen Ursprunges, sowie bei Verbindung mit Anämie. bei Lähmungen. namentlich durch Exsudate im Bereiche der peripherischen Nerven, nach Puerperalprocessen. Beckenabscessen, hysterischen Lähmungen. lange andauernden rheumatischen und gichtischen Ausschwitzungen und deren Folgezuständen. traumatischen Exsudaten, der grossen Gruppe der Sexualkrankheiten der Frauen infolge der Begleitung von anämischer oder chlorotischen Zuständen, Menstruationsstörungen. perimetritischen Exsudaten, Krankheiten des männlichen Genitale mit dem Charakter der Schwäche, Schwellungen von Leber und Milz, besonders nach Intermittens. Infiltration der Lymphdrüsen bei Scrophulose. Contraindicirt sind die Moorbäder bei organischen Herzfehlern. Arteriosklerose, Lungenemphysem, Phthise. Neigung zu Hämoptoe und während der Gravidität.

Locale Anwendung des Moores auf die Vaginalschleimhaut (Vaginalimpletion von *Kisch*) hat den Zweck. adstringirend und desinficirend auf diese zu wirken und ist sehr empfehlenswerth bei langwierigen leukorrhoischen Processen. Uebrigens dringt bei jedem Moorbade der Frauen. die geboren haben, Moor in die Vagina und sogar bis an die Portio ein.

Die Moorbäder werden aus dem Moore, welches den Moorlagern entnommen wird und gehörig gereinigt und von gröberen Bestandtheilen befreit auf eigenen Halden zur Verwitterung gelangt. durch Vermischung mit warmem Wasser oder heissen Dämpfen bereitet. so dass eine mehr oder minder dichte Breimasse zum Badegebrauche kommt. Die exacte Bestimmung dieser Consistenz hat grosse Schwierigkeit und geschieht in den Moorbadeanstalten empirisch in drei Abstufungen als mässig dichtes, dichtes und sehr dichtes Moorbad. Zu einem dichten Moorbade werden in Marienbad 197 Kgrm. feuchtes Moor und 65 Kgrm. Wasser oder 59 Kgrm. trockenes Moor und 202 Kgrm. Wasser verwendet. worin 5—6 Kgrm. Eisenvitriol, 220 Grm. Ameisensäure. 225 Grm. andere flüchtige organische Substanzen enthalten sind. Die Moorbäder werden in hölzernen Wannen genommen, zumeist in einer Temperatur von 38—46° C. und in einer Dauer von 15 - 45 Minuten.

Die Moorbäder werden in einer hölzernen, am besten in den Fussboden eingelassenen Badewanne genommen, neben welcher sich eine zweite mit erwärmtem Wasser als Spülbad befindet. In guten Moorbadeanstalten wird für jeden Badenden täglich ein frisches Moorbad bereitet. In manchen Curorten, in denen es an Moor fehlt, wird die Badewanne für jeden Patienten erst nach jedem 5. Tage mit frischem Moor gefüllt; es ist dies ein verwertliches Verfahren, das in der Unzulänglichkeit der Moorerde an diesen Orten keine ausreichende Entschuldigung findet. Durch Mengung von Moor mit kohlensäurereichem Wasser werden an manchen Orten sogenannte „Sprudelschlammbäder" hergestellt. Zur localen Anwendung des Moores sind Moorkataplasmen mit den durch Wasserbeimengung zu einem heissen Breie gekochten Mineralmoore in Gebrauch.

Eisenmoorbäder sind in Bocklet, Brückenau, Cudova, Elster, Franzensbad, Königswart, Langenau, Liebwerda, Lobenstein, Marienbad, Muskau, Polzin, Pyrmont, Reinerz, Ronneby, Spa, Steben.

Als die kräftigsten Moorerden sind die von Elster, Franzensbad und Marienbad bekannt. In 1000 Theilen dieser getrockneten Moorerden sind enthalten:

	Im Moore von		
	Elster	Franzensbad	Marienbad
Humussäure	175·8	421·1	105·1
Vegetabilische Reste	400·3	153·7	508·8
Phosphorsaures Eisenoxyd	—	26·9	13·6
Eisenoxyd	32·7	--	229·2
Schwefeleisen	37·4	162·2	22·5
Quellsäure	17·8	28·2	4·6
Humin	—	29·4	2·5
Schwefelsaures Natron	4·1	8·6	6·0
Schwefelsaure Magnesia	13·5	2·8	2·2
Schwefelsaurer Kalk	2·7	7·0	4·1
Schwefelsaures Eisenoxydul	5·7	3·8	4·9

Von *Reinl* wurde der Säuregehalt, worauf er als therapeutisches Moment der Moorbäder ein Hauptgewicht legt, des bei 100° getrockneten Moores in Franzensbad mit 6%, in Marienbad mit 7·8% gefunden, bei keiner einzigen der anderen erwähnten Moorarten hingegen erreichte die Menge der vorhandenen Säure 1% der Trockensubstanz, sie schwankte zwischen 0·2—0·57%.

Die Schwefelmoorbäder werden aus den in der Umgebung der Schwefelquellen befindlichen Torfmooren, die von diesen Mineralwässern durchsetzt sind, bereitet. Zuweilen lässt man diese Torfmoore auch absichtlich von Schwefelwässern längere Zeit zersetzen oder von Schwefelwasserdämpfen durchströmen. Bei aller Mannigfaltigkeit der Bestandtheile dieser Moore, welche von der Zersetzung der organischen Stoffe und der Gesteine abhängig ist, enthalten sie stets Schwefel und schwefelsaure Salze, oft Schwefelwasserstoff. Die therapeutisch wichtigen Eisensalze und Säuren fehlen diesen Moorbädern im Gegensatze zu den Eisenmoorbädern.

Bezüglich der physiologischen Wirkung der Schwefelmoorbäder in einer Temperatur von 34—37° C. wird mehrseitig besonders die pulsverlangsamende Eigenschaft derselben hervorgehoben, welche über den aufregenden Effect der höheren Wärmeanwendung das Uebergewicht hat. Als Folgeerscheinungen dieser Bäder werden ferner zuweilen auftretender Schwindel, Betäubung, Ohrensausen, heftiges Kopfweh angegeben. Ueber die Wirkung auf den Stoffwechsel fehlen Angaben. Die Hauptindicationen der Schwefelmoorbäder sind: Chronisch-rheumatische Gelenksexsudate, Folgen traumatischer Verletzungen, Neuralgien und Lähmungen auf rheumatischer Basis oder durch metallische Intoxicationen, chronische Exantheme und atonische Hautgeschwüre.

Schwefelmoorbäder sind in Driburg, Eilsen, Meinberg und Wipfeld.

Mit Mineralmoorbädern sind die therapeutisch ungleich minderwerthigen Torfbäder nicht zu verwechseln. Diese, auch Torfmoorbäder, Mooswasserbäder, auch schlechtweg, aber fälschlich Moorbäder genannt, werden aus dem von gewöhnlichen Torf- oder Moorfeldern abfliessenden Moorwasser dargestellt, in welchem organische Stoffe, zuweilen auch etwas Kohlensäure und Schwefelwasserstoff enthalten sind.

Moorbäder, besonders Eisenmoorbäder, werden zum häuslichen Gebrauche auch künstlich bereitet, und zwar durch Zusatz von Eisenmoorsalz oder Moorlauge zu dem Badewasser. Das Eisenmoorsalz ist das aus den Auswitterungen der Moorerde unter Zuthat gleicher Menge verwitterten Moores mit heissem Wasser ausgezogene Salz, worin ausser 30% Wasser enthalten ist: Schwefelsaures Natron 37, schwefelsaures Eisenoxydul fast 27, schwefelsaure Thonerde fast 4, ferner Humussäure u. s. w. Zu einem Bade wird 1 Kgrm. dieses Salzes dem Badewasser zugesetzt. Die Moorlauge ist ein bis zum Krystallisirungspunkte der Salze abgedampftes wässeriges Extract des Moors mit vorzugsweise schwefelsaurem Eisenoxyd, auch ferner Schwefelsäure und Humusstoffen, sirupdick, dunkel, specifisches Gewicht 1·35. Die auf solche Weise bereiteten Bäder sind ein vollständig ungenügendes Surrogat für Moorbäder, da jenen das wesentlichste Charakteristikon, die consistente zum Bade verwendete Moormasse, fehlt.

Mineralschlammbäder.

Der Mineralschlamm ist der Niederschlag, welcher sich aus gewissen Mineralwässern, besonders starken Soolen und Schwefelthermen oder am Meeresgrunde bildet. Dieser Schlamm ist der aus den wässerigen Lösungen niedergefallene Detritus und enthält die Bestandtheile dieser Wässer, chemisch oder mechanisch gemengt mit verwitterten Theilen der Gesteine und Erden der Nachbarschaft, sowie zersetzte animalische und vegetabilische Reste der Umgebung der Wässer. Die qualitative und quantitative Zusammensetzung dieses Schlammes ist daher eine sehr wechselnde, aber ein besonderes Gewicht kann auf die chemischen Bestandtheile desselben bezüglich ihrer äusseren Anwendung zu Bädern nicht gelegt werden. Hingegen ist durch die consistente Beschaffenheit dieser Bäder der thermische wie der mechanische Effect dem der Moorbäder sehr ähnlich.

Die physiologische Wirkung der Mineralschlammbäder stimmt daher vielfach mit jener der Moorbäder. Das Ergebniss der Untersuchungen von *Motschukowski* u. A. ist im Wesentlichen folgendes: Schlammbäder von 27—33° R. steigern die Pulsfrequenz wesentlich. Der Blutdruck ist im Anfange erhöht, wird aber bald herabgesetzt. Die Athmung wird anfangs beschleunigt und verbleibt so während der ganzen Dauer des Bades. Die Körperwärme wird in solchem halbstündigen Bade um 1 bis

3° R. erhöht. Das Körpergewicht wird durch wiederholte Schlammbäder vermindert. Die Harnmenge wird nach dem Schlammbade vermindert und ihr specifisches Gewicht erhöht. Die Menge des mit dem Harne ausgeschiedenen Stickstoffes ist nach *Woronin* in den Badetagen subnormal, während sie bei weiterem Badegebrauche sich vermehrt. Die Mengen der ausgeschiedenen Schwefel- und Phosphorsäuren bleiben während der ganzen Curdauer geringer als normal.

Unter den Mineralschlammbädern haben besonders die Schwefelschlammbäder an den Schwefelthermen therapeutische Wirksamkeit. Bei diesen letzteren findet sich in der an organischen und mineralischen Bestandtheilen (besonders mit Kalksalzen vermischten Thon- und Kieselerde) reichen Masse ein stickstoffhaltiger Zusatz, die Barégine, welche aus Algen und anderen Pflanzenstoffen besteht. Die Anwendung dieser Bäder wird bei rheumatischen Gelenksaffectionen, traumatischen Exsudaten, Lähmungen und Neuralgien besonders gerühmt.

Schwefelschlammbäder sind in Acqui in Italien, Aix-les-Bains in Frankreich. Kemmern in Curland. Loka in Schweden, Mehadia in Ungarn, Pistyán (Ungarn), Uriage in Frankreich, Warasdin (Croatien).

Besonderen Ruf haben die Schlammbäder von Pistyán. Dieser Schlamm besteht im trockenen Zustande zur Hälfte aus Kieselsäure, nämlich zu 56·3%, ausser ihr findet man noch in grösseren Mengen Thonerde, 13·8%, Eisenoxydul, 4·6%, organische Substanzen 4·9%.

Als Fango wird ein bei Battaglia vorkommender Mineralschlamm vulcanischer Herkunft bezeichnet, welcher in jüngster Zeit stark exportirt und im versendeten Zustande zu Schlammbädern benützt wird. Dieser Schlamm stellt eine gelbbraune, schmierige, fast geruchlose Masse mit 5% Feuchtigkeit, 8% organischer Substanz und 41% Aschenbestandtheilen dar, letztere zum grössten Theile aus Sand, Calciumoxyd mit geringen Beimengungen von Magnesia, Eisenoxyd, Thonerde, Natron. Kali, Schwefelsäure, Chlor, Phosphorsäure und Borsäure bestehend. Es kann nicht behauptet werden, dass diese Zusammensetzung auch nur annähernd therapeutisch so günstig ist wie die der bekannten kräftigen Moorerden, in denen der grosse Gehalt an organischen Stoffen gerade ein wirksames Moment bedeutet, während diese im Fango nur in geringer Menge vorhanden sind und die mineralischen Bestandtheile prävaliren.

Aehnlich dem Mineralwasserschlamm wird der Seeschlamm zu Bädern benützt. Dieser Schlamm bildet sich vorzugsweise in Seebuchten mit thonigem Boden und verdankt seine Entstehung einer ganzen Reihe verschiedener Agentien, unter welchen die mineralischen Bestandtheile des Untergrundes, vegetabilische und animalische Substanzen, sowie Mikroorganismen die Hauptrolle spielen. Die Analyse eines Seeschlammes von Sande-Fjord ergibt in 1000 Theilen: Sand und Thon 738, organische Substanz 99·2, Chlornatrium 41·8, Schwefelsäure 20·5. Kali 7·8, Magnesia 11·3, Kalk 13·1. Eisenoxyd 41·5, Thonerde 12·5. Kieselsäure 13·9. Der vom Boden der Limane (Salzseen) in Odessa genommene Schlamm lässt sich wie Butter zwischen den Fingern verreiben, hat einen scharfen Geruch und nimmt ausgetrocknet feste Form und graue Farbe an. Im Wasser sehr wenig löslich, hält dieser Schlamm aufgenommenes Wasser längere Zeit sehr hartnäckig zurück; seine Reaction ist stark alkalisch.

Die Schlammbäder werden in gleicher Weise wie die Moorbäder in hölzernen Wannen als Vollbäder und Halbbäder genommen oder als örtliche Bäder für bestimmte Körpertheile benutzt. In den schwedischen und norwegischen Schlammbädern ist jedoch die Methode der Anwendung des Seeschlammes eine eigenartige: Der auf 31—34° C. erwärmte Schlamm wird auf den ganzen Körper vom Halse bis zum Fusse aufgelegt, die Haut dann mit einer Bürste frottirt und hienach der Schlamm mittels einer warmen Douche wieder entfernt. Hierauf nimmt der Kranke ein Wasserbad von 26—37°, sogar bis 42° C., er wird von neuem gedoucht, in warme Tücher eingehüllt und nun bis zu völligem Trocknen frottirt. Bisweilen wird der Badende dann noch mit frischen Birkenruthen geschlagen und tüchtig massirt. Zuweilen wird damit noch ein den norwegischen Seebädern eigenthümliches Curmittel verbunden, nämlich die Anwendung der Medusen-Seequallen (Manaeten), mit welchen der ganze Körper bestrichen und durch die Nesselorgane dieser Thiere gereizt wird.

Seeschlammbäder sind in Hapsal in Russland, Willewik und Marstrand in Schweden, Odessa und Oesel in Russland, Sande-Fjord in Norwegen, Sebastopol und Tinski in Russland.

Sandbäder.

In den Sandbädern kommt heisser Sand zur Anwendung, und zwar kann dieser, wie dies am Seestrande der Fall ist, durch die Sonne erwärmt sein, oder es erfolgt die Erwärmung auf sehr hohe Temperaturgrade künstlich. In dem Sandbade wirkt nicht blos die hohe Wärme des Sandes als Bademedium, sondern auch die Aufsaugungskraft desselben, indem der Sand Feuchtigkeit der Körperoberfläche entzieht. ohne dass bei einigermassen dicker Sandlage die Hauttemperatur durch Verdunstung des Schweisses abgekühlt wird. In den warmen Sandbädern ist die Wärmeleitung langsamer als in den Dampfbädern, darum sind 48—50° C. die niedrigsten Temperaturen, welche bei jenen zur Anwendung kommen. Die Bluttemperatur steigt in diesem Vollsandbade um 0·5—2·5° C., die Haut erscheint sehr intensiv geröthet, die Pulsfrequenz nimmt wesentlich zu, um 4—20 Schläge in der Minute, die Zahl der Athemzüge ist um 4—8 in der Minute gesteigert, die Hauttransspiration wird in mächtiger Weise angeregt, so dass nach 20 Minuten des Bades der ganze Körper mit einer fingerdicken Schichte nassen Sandes umgeben ist und das Gewicht des Körpers im Mittel um 753 Grm. abnimmt. Der Vorzug der Sandbäder vor anderen Badeformen besteht darin, dass man bei den Ersteren die höchsten Wärmegrade, welche man überhaupt auf den menschlichen Organismus einwirken lassen kann, zur Verwendung zu bringen und durch sehr lange Zeit, eine Stunde und darüber, auszuhalten vermag. Man unterscheidet milde Sandbäder, bei denen die Temperatur des Sandes 48° C., die Badedauer eine halbe Stunde beträgt, der Patient im Bade sitzt, die Arme bis oberhalb der Ellenbogengelenke noch mit Sand bedeckt, und starke Sandbäder mit einer Temperatur über 50° C. und von einstündiger Dauer. Man kann Vollbäder, Halbbäder und Localbäder anwenden.

Das Verfahren in den Badeorten mit Sandbädern ist folgendes: Ganz reiner, feiner, gut ausgetrockneter, mehrfach durchsiebter Seesand oder Flusssand wird auf heissen Eisenplatten auf eine Temperatur von 45—50° C. gebracht und die Herabsetzung dieser Temperatur durch Zumischen von kühlerem Sande bewirkt. Der erwärmte Sand wird in die hölzerne Badewanne geschüttet, so dass er den Boden mehrere Centimeter hoch bedeckt: hierauf wird der nur mit einem leichten Bademantel bekleidete Kranke in die Wanne hineingelegt, wobei so viel heisser Sand nachgeschüttet wird, bis der ganze Körper des Badenden mehrere Centimeter hoch bedeckt ist. Dann wird der Badende, während er noch in der Wanne sich befindet, in einen nahegelegenen luftigen Raum gebracht und hat hier nun den stark hervorbrechenden Schweiss abzuwarten, welcher vom Sande bald aufgesogen wird. Soll nur ein Halbbad genommen werden, so wird der Oberkörper mit einer wollenen Jacke bekleidet und auf die unteren Extremitäten und den Unterleib eine Schichte Sand geschüttet. Im Sandbade soll sich der Badende ruhig verhalten, nach dem Bade erhält er eine warme Douche und, wird tüchtig abgerieben.

Das warme Sandbad wird bei allen krankhaften Zuständen verwendet, bei denen eine sehr kräftige Anregung der Hautthätigkeit und energische Beschleunigung der Blutcirculation angestrebt wird, besonders bei Lähmungen, Contracturen, Exsudaten, auch wo es sich um Exsudate in serösen Höhlen, wie Pleura, Peritoneum, in den Gelenken, sowie um hydropische Schwellungen handelt. Sehr günstige Erfolge werden seit alter Zeit den Sandbädern bei den torpiden Formen der Scrophulose nachgerühmt.

Anstalten für warme Sandbäder sind in Blasewitz bei Dresden, Berka in Sachsen-Weimar, Casamicciola auf Ischia, Jordansbad in Württemberg, Lobenstein im Reussischen, Mildenstein in Sachsen, Ruhla in Thüringen.

Sonnenbäder.

Als Sonnenbäder bezeichnet man den Aufenthalt in der Sonne, wobei der grösste Theil des Körpers, den Kopf nur gegen die Sonnenstrahlen geschützt, der directen Insolation ausgesetzt ist. Der Einfluss dieser besonders von Naturheilkünstlern empfohlenen Bäder beruht auf der Einwirkung der Insolation. Von der letzteren ist durch Thierversuche von *Rubner* und *Cramer* festgestellt, dass durch die längere Besonnung die Wärmeproduction im Körper vermehrt und die Wasserverdampfung wesentlich gesteigert wird. Auch die Respiration soll erheblich beeinflusst werden. Indess sind genauere Beobachtungen über die physiologischen Wirkungen der Sonnenbäder bei Menschen bisher nicht bekannt.

Die örtliche Behandlung von Hydrops und exsudativen Gelenkleiden durch Sonnenlicht wird schon von *Galen* und dann von *Avicenna* gerühmt, indess fand diese Methode lange Zeit keine weitere Beachtung und erst jüngstens empfiehlt man die Sonnenbäder gegen Scrophulose, Chlorose, Rachitis, Scorbut, bei alten Leuten, nervenschwachen Personen, Reconvalescenten nach schweren Krankheiten, gichtischen Individuen. Die experimentell festgestellte Eigenschaft des Sonnenlichtes, auf Mikroorganismen vernichtend einzuwirken, lässt sich nach *v. Esmarch* nur in beschränktem Masse verwerthen. Bei grosser allgemeiner Erregbarkeit des Nervensystems, bei Gehirnaffectionen, acuten Krankheiten wird man die Sonnenbäder aus leicht begreiflichen Gründen als contraindicirt betrachten müssen: ebenso wirkt grelles Sonnenlicht bei Hautkrankheiten ungünstig ein.

Beim Sonnenbade wird der Körper entweder frei oder in einem Glaskasten den Sonnenstrahlen ausgesetzt. Solche Sonnenbäder sind besonders im Süden eingerichtet. In Russland benutzt man die Sonne zur Erwärmung eigenartig zubereiteter Schlammbäder: Unter offenem Himmel auf mit Bretterzäunen eingefriedeten Plätzen breitet man, wie *L. Berthenson* berichtet, auf der blossen Erde oder auf Bretterdielen in der Sonne Schichten von Schlamm aus, sogenannte Medaillons. Zu jedem Medaillon fügt man eine gewisse Quantität Seewasser (Soole) hinzu und vermengt dasselbe mit dem Schlamm, bis letzterer die gewünschte Consistenz hat. Wenn die Temperatur in den oberen Schichten der Medaillons 48—50° erreicht, gilt das Bad als fertig und man bettet den Kranken auf 15—30 Minuten hinein, wobei unter den Kopf eine Kopfstütze mit Kopfkissen gestellt wird, das Bad aber durch einen aus Zweigen verfertigten und von aussen mit Filz beschlagenen Schirm geschützt wird. Der Grad der Erwärmung dieses Bades hängt natürlich vor allen Dingen davon ab, wie die Sonnenstrahlen fallen, ferner von der Temperatur und Bewegung der Luft und endlich von der Dicke der Schlammschicht.

Medicinische Bäder.

Hier wären noch der Vollständigkeit wegen künstlich hergestellte medicinische Bäder zu erwähnen, Wasserbäder mit Zusätzen von vegetabilischen und animalischen Bestandtheilen, welche den Zweck haben, einen intensiveren Hautreiz auszuüben, oder harte Stellen der Epidermis durch Imbibition zu erweichen, oder um auf eine krankhaft reizbare Haut beruhigend einzuwirken, oder endlich, um die Gesammternährung des Körpers zu heben.

Die bekanntesten dieser Bäder sind die Fichtennadelbäder. Dem Badewasser werden eine Abkochung der Fichtennadeln, der Nadeln und frischen Triebe der Kiefern und Fichten oder, was zweckmässiger ist, die aus diesen bereiteten Präparate zugesetzt, nämlich das ätherische Oel (Waldwoll-Fichten-Kiefernadelöl), der spirituöse und wässerige Fichtennadelextract. Von dem ätherischen Oele wird $1/2$—1 Theelöffel voll, vom Fichtennadelextracte $1/4$—$1/2$ Kgrm. dem Bade zugesetzt. Die flüchtigen ätherischen Bestandtheile durchdringen die Epidermis, wirken erregend auf die Hautnerven und als Reizmittel auf die Blutcirculation in den Capillargefässen der Haut und werden durch die Haut, Lungen und Harn wieder ausgeschieden. In derselben Weise wirken Zusätze von aromatischen Kräutern, von Kamille, Feldkümmel, Flieder, Kalmus, Krauseminze, Lavendel, Majoran, Melisse, Pfefferminze, Salbei, Schafgarbe. Diese Species werden $1/4$—1 Kgrm. für ein Vollbad, 25 bis 150 Grm. für ein Localbad oder Kinderbad in ein Säckchen gebunden mit 4 Liter kochendem Wasser abgebrüht, ausgedrückt und die Brühe dem Bade zugesetzt. Ebenso wirksam und einfacher stellt man ein solches „aromatisch-belebendes" Bad durch Zusatz der spirituösen Extracte der angegebenen Pflanzen her oder des Spiritus aromaticus der Pharmakopoe, von denen 50—125 Grm. für ein Vollbad genügen. Noch stärker wirkt der directe Zusatz ätherischer Oele zum Badewasser, von denen man nur etwa 1 Grm. braucht, um die gewünschte Wirkung auf die Haut zu erzielen.

Um eine scharfe, halbätzende Wirkung auf die Haut des Badenden auszuüben, werden die Laugenbäder benützt, zu deren Bereitung man

2. 3 Kgrm. krystallisirter Soda oder eine Abkochung von Holzasche,
8 Kgrm. mit 8 Liter Wasser gekocht und die Colatur dem Bade zugesetzt, anwendet. Locale Laugenbäder, besonders Fussbäder, sind ein
allgemein bekanntes Ableitungsmittel bei Congestivzuständen des Kopfes
und der Brustorgane. In derselben Weise wirken Senfbäder, 100 bis
250 Grm. Semen sinapis zum Bade zugesetzt oder 100 Grm. zum
Localbade.

Als reizmildernde Bäder gelten solche mit Zusätzen von Kleie,
Stärkemehl und Malz. Es werden $1/4$—$1 1/4$ Kgrm. Weizenkleie oder $1/8$ bis
$1/2$ Kgrm. Stärkemehl oder Malz in 4—6 Liter Wasser ungefähr eine
halbe Stunde lang gekocht, dann dem Bade zugesetzt. Oelzusätze zu
Bädern, seit alten Zeiten in Gebrauch, sind neuerlich wieder bei Verbrennungen empfohlen worden und dann gegen locale Hautentzündungen
und Exsudate selbst in tieferen Geweben. In letzteren Fällen soll die
durch Ueberzug der Haut mit Oel zurückgehaltene Hautausdünstung
einen Einfluss auf Resorption haben.

Für adstringirende Bäder benützt man gerbstoffhaltige Zusätze
von Eichenrinde, Ulmen-Weidenrinde oder von Wallnussblättern, $1/2$ bis
1 Kgrm. mit 3 Liter Wasser abgekocht und dem Bade zugesetzt.

Die animalischen Bäder bestehen in der Anwendung frisch
geschlachteter Thiertheile, besonders der Eingeweide auf (paralysirte)
Gliedmassen des Menschen. Hieher gehört auch, wohl früher veranlasst
durch gröbere Anschauungsfähigkeit von der Absorptionsfähigkeit der
Haut im Bade, ein Zusatz von Leim, 1 Kgrm. in kochendem Wasser
gelöst und dem Bade zugegeben, oder der Zusatz von Gallerte, welche
durch Auskochen von Hammelfüssen gewonnen wird, als beruhigende
Bäder. Milch, Molke, Buttermilch und Fleischbrühe (Bouillonbäder),
welche man früher als stärkende Beigabe zum Bade benützte, weiss
man jetzt vernünftiger innerlich zu verwerthen.

Für Herstellung künstlicher kohlensaurer Bäder ist die ein-
fachste Vorschrift jene von *Struve*. Dieser liefert zwei Kruken Nr. 1
mit doppeltkohlensaurem Natron und Nr. 2 mit roher Salzsäure. Der
Inhalt von Nr. 1 wird im heissen Badewasser aufgelöst und unter Umrühren die Säure aus Nr. 2 zugegossen. Hiebei verflüchtigt sich der
grössere Theil der entwickelten Kohlensäure, und wenn der Badende
in die Wanne steigt, ist es nur der kleinere im Wasser gelöst bleibende
Theil, welcher sich in einzelnen Bläschen an den Körper anlegt und
demgemäss auch nur eine geringe hautreizende Wirkung auszuüben
vermag. Diesem Uebelstande suchen andere, jüngst erfundene Apparate
abzuhelfen, welche die Kohlensäure langsam zur Entwicklung bringen,
während der Badende sich im Wasser befindet. Auch wurden Glas-
cylinder mit flüssiger Kohlensäure benützt, um unter dem Wasser den
Strom sich in der Wärme entwickelnder gasförmiger Kohlensäure auf
den Badenden zu lenken.

www.ingramcontent.com/pod-product-compliance
Lightning Source LLC
Chambersburg PA
CBHW022005190326
41519CB00010B/1396